还是想吃辣炒年糕 2

与精神科医师的14周疗愈对话

[韩]白世熙——著
尹嘉玄——译

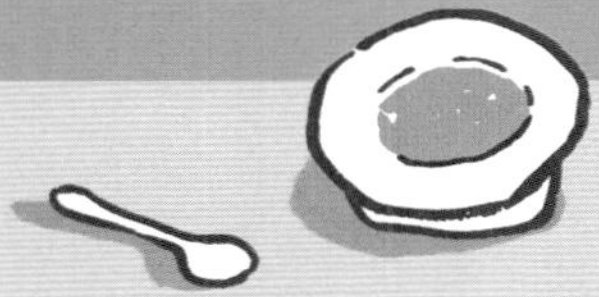

中信出版集团 | 北京

图书在版编目（CIP）数据

还是想吃辣炒年糕. 2 / (韩) 白世熙著 ; 尹嘉玄译
. -- 北京 : 中信出版社, 2020.11 (2022.6重印)
ISBN 978-7-5217-2262-8

Ⅰ. ①还… Ⅱ. ①白… ②尹… Ⅲ. ①心理学—通俗
读物 Ⅳ. ①B84-49

中国版本图书馆CIP数据核字(2020)第177109号

还是想吃辣炒年糕 2

著　　者：［韩］白世熙
译　　者：尹嘉玄
出版发行：中信出版集团股份有限公司
（北京市朝阳区惠新东街甲4号富盛大厦2座　邮编　100029）
承 印 者：北京盛通印刷股份有限公司

开　　本：880mm × 1230mm　1/32　　印　　张：6.25　　字　　数：110千字
版　　次：2020年11月第1版　　印　　次：2022年6月第4次印刷
京权图字：01-2020-5295
书　　号：ISBN 978-7-5217-2262-8
定　　价：42.00元

服务热线：400-600-8099
投稿邮箱：author@citicpub.com

本书是经过与精神科医师达成协议后出版，
医院相关信息应当事人要求不予以公开，关
于这点还请各位读者海涵见谅。

目 录

CONTENTS

序
面对自己从未
察觉的伤痛

第13周
想要被人爱
有什么不好? 001

第14周
摆脱不掉的
减肥强迫症 021

第15周
我习惯用他人
的眼光看自己 036

第16周
我需要肉眼
可见的伤口 049

第17周
不论死活，都令
我感到害怕 064

第18周
有人衷心期盼我幸福 081

第19周
和我自己对话 092

第20周
内心的中间地带，
变宽阔吧！ **102**

第21周
其他人又没经历
过我的人生 **116**

第22周
不论是伪善还是真诚，
都要完全做自己 **128**

第23周
我这人到底
有没有原则？ **140**

第24周
弹性思维和短暂
休息的勇气 **153**

第25周
尽量去看自己
光鲜亮丽的部分 **166**

第26周
总之，人生还是
会继续走下去 **177**

尾声
我已经不再
讨厌我自己 **189**

序

面对自己
从未察觉的伤痛

在写这本新书的时候，我一直在思考“自我怜悯”的问题。我的内心有许多尚未治愈的伤痛，而过度的自我怜悯又让我深陷抑郁。通过接受精神科医师的治疗，我才逐渐明白那些伤痛的种类以及它们产生的背后成因。

自我怜悯虽然不全是坏事，但还是要时刻提醒自己，不要把自己的伤痛无限放大，对别人的伤痛等闲视之。世上没有感同身受这回事，但我们还是要多把视角向外，不能一味陷在自己的情绪里。

接受治疗后，我内心的伤痛逐渐淡化，但却变得比以往更加脆弱，因为我总是更轻易地想起那些本来被我深埋于心的伤痛，甚至经常陶醉在那种抑郁的情绪里。

也许，这就是人的一种惯性吧。熟悉感给我们带来安稳，所以每当抑郁或空虚来袭时，我会立刻打开熟悉的自怜之门，让自己躲进去，那是我独处多年的空间。我明明可以轻松地重新走出来，却总是选择把自己关在里面，甚至把门锁上，寄生在那里，享受着无比熟悉的痛苦与悲伤，仿佛随时都能重回原点一般。

如今，我已经不再把抑郁症视为心理上的一场感冒，对于我这样长年被抑郁症纠缠不休的人来说，它更像是一种不治之症——虽然有痊愈的可能，但需要经过一段漫长又艰难的旅程，并且需要持续管理——所以我决定，放弃追求“痊愈”这个目标，转而接受“人生本就是如此”的事实，积极地寻找方法，让自己在面对抑郁来袭时，不再打开熟悉的自怜之门；不拿自己的伤痛与他人的做比较，也不再反复咀嚼伤痛。

我希望自己永远不再躲进那个漆黑的房间。

对于想要彻底治愈抑郁症的人，这本书可能不是一本很有用的指南。我只是想通过自揭伤疤，带动大家也去发现自己从未察觉到的内心黑暗的一面。

通过上一本书，我已经牵起许多人的手，我还想要让更多人知道，你并不孤单，让我们携手并肩前行。

白世熙（백세희）

痛苦就像是煤气。
一个空房间里，如果注入一定量的煤气，
那么不论房间多大，煤气都会均匀地弥漫。
同样地，痛苦不论大小，
都会完全充满人的心灵和意识。
因此，人类痛苦的程度，都是相对的。

——维克多·弗兰克尔，《活出生命的意义》（*Man's Search for Meaning*）

第 13 周

想要被人爱
有什么不好？

周末的清晨，我拿起罗克珊·盖伊（Roxane Gay）的新书《饥饿》（*Hunger*）来拜读，她是我很喜欢的一位作家，这又是她第一本回忆录，所以我满心期待。可是，莫名其妙地，我才读到前面几页就忍不住泪流满面，阅读过程中我甚至反复拿起又放下，打开又合上，一会儿觉得心里难受，实在读不下去，一会儿又决定继续阅读，而且过程中始终泪流不止。

直到那时我才明白，原来我一直对自己不够坦白。那些早已被我遗忘，因为得不到爱而寂寞悲伤的童年记忆，突然在我的脑海里展开，一览无遗。

中学时我一直有偷偷爱慕的对象，只是那些人最终都没有接受我的告白。记得初三那年，我抓着暗恋男生的衣角，和他嬉闹，我们两个其实只是普通朋友，但是可能我表现得太明显，他的朋友当时就在一旁起哄，不停说着：“白世熙一定是对你有意思！”害得那个男生满脸尴尬。

高中时，有个我暗恋的男生在得知我喜欢他以后，便从此把我当透明人对待。有些人会玩弄我对他的真心，有些人又利用我来接近我的闺密。当然，我也被人爱过。但奇怪的是，我总是会选择性地记住那些内心受创的片段，而且因为记忆模糊，我还会添油加醋，把情节改编得更严重或者更戏剧化。

为什么我的恋爱总是如此被动？为什么我总是会对由自己主动去拉近距离的人际关系感到惴惴不安？我现在似乎理出了一些头绪。原来，我非常介意我喜欢的人并不喜欢我，我想要得到爱，却始终无法如愿以偿，这样的事实令我对自己心生厌恶。我觉得自己没有资格被爱，于是也就没有勇气去爱人。

昨天我对男友吐露了这一连串的想法，说完后又很担心，要是被男友看穿，真实的我是如此卑微，不被人爱，不受重视，他会不会对我感到大失所望呢？

医生　（因感冒而声音嘶哑，几乎不能说话）

我　医生，我本来好好的，但是在某个瞬间突然崩溃了。如果接受治疗的话，有办法改善我的状态吗？我想让自己快点恢复正常。

我周末读了罗克珊·盖伊写的《饥饿》这本书，这是一本作者将自己的身体、人生、思想统统摊在阳光下的书，展现了许多内心阴暗面。我才读到前面几页就泪流不止，而且怎么说呢，突然有一种被我压抑已久，想要遗忘、抹去、撕毁的记忆瞬间全部涌现的感觉，这是有可能的吗？

医生 当然喽！

我 这对我来说是很神奇的体验，读那本书时，过去的记忆就像街景图一样依次展开，我赶紧把那些记忆按顺序记录在便签上，然后我发现，其实我根本不够坦白。当然，我们不可能做到对别人无条件坦白，但是即便对自己，我都谈不上诚实磊落，我只能躲在自己能够承受的心理安全范围内。

当我意识到这个事实时，我就崩溃了。（寻找我记录的那个便签）也就是说，我发现自己并没有完全接纳自己，没办法拥抱过去，所以想要销毁过去。

一直以来我都活得很压抑，我知道现在的自己与过去的自己密不可分，但我不想承认这个事实，我只想把过去全部掩埋，只关注当下，我努力了，可我还是做不到。过去总是如影随形，总是突然出现在记忆中，让我一下子陷入痛苦，我会想：原来，我还是以前那个糟糕的我，满身伤痕，而现在的我，不过是没有灵魂的皮囊而已。

医生 可以说得再详细一点吗?

我 （我告诉了医生自己从小得不到爱的事情）我昨天还在烦恼到底该先对您说，还是先对男友说。看您今天身体不舒服，还好我先对男友说了（毕竟医生处于不便说话的状态），否则我今天的状态一定很糟。

每个人的自我疗愈方式都不一样，对于我来说，就算再痛苦，我也想坦白说出来，我不想逃避也不想遮掩。这是我一直以来重获心灵自由的方法。说出来了，那些事情就变得没什么大不了了，自己也由此变得更坚强。就像我以前跟您讲过的从小家境贫困的事，还有身体上的疾病，我说完之后，也就释然了。

但是现在，我还没准备好把那些想掩埋的过去全部掏出来，讲给别人听。我一直把往事深锁在心底，假装已经忘记，假装它们从未发生，但其实这是自欺欺人，那些伤痛并没有消失，它只是潜伏在某个角落，一有机会就杀出来，给我致命一击。

往好的方面想，也许正是因为我现在变得坚强了，能够坦然接纳伤痛，所以才会重新回忆起来，直面它的存在。

医生 对男友说这些事情时，有没有感到痛苦？当时是什么样的想法呢？

我 我曾担心过他会不会从此以后就开始瞧不起我，虽然内心焦虑不安，但还是想要和盘托出，就像我之前对您说过的，我是属于“把自己最真实的样子全部摊给你看，要去要留随便你”的那种性格。

让我失望的是，我发现男友根本不能理解，我为什么会担心被他瞧不起，或者生怕他对我感到失望。当我对他说“过去我总是厌恶自己凡事往负面想”时，他只是轻描淡写地说他从来没有因为别人长得丑、身材胖、皮肤不好就讨厌或者瞧不起对方，只要对方没对他造成伤害或威胁就可以接受（要是世界上只有男友这种人该有多好），然后还反问我这不是理所当然的吗？

但是我……对，他说得没错，这确实是理所当然的事情，可我遇到的都是特例。过去总是有同学说我的皮肤很差，要不就笑话我很丑（可是我并不认为自己很丑，也许是真的不太好看），或者嘲笑我身材太胖之类的。每当我暗恋某人时，对方都会认为被我暗恋是一件可耻的、不光彩的事情，这些经历都对我造成很大打击，也奠定了日后我看待自己的眼光和角度——“原来我是令人厌恶的人，我根本毫无存在感，也没有什么价值”。

我会把别人对我的评价照单全收，不仅内化，甚至还被彻底洗脑。当有人爱慕我时，我会用同样的标准评判对方，并因此而瞧不起对方。我会过度在意身材，声称讨厌胖男人。我的想法很混乱，也没有逻辑，但在不知不觉间，这些想法竟成了我看待异性的标准。

当我那天对男友说出这一切之后，心里轻松了许多，过后想想，又觉得好像也不是多大的事，没准在别人看来，这些都不是问题，是我太小题大做了。

医生 当我们思考时，往往会掺杂着情感，包括事发当时的情感；但是当我们说出口时，就会变成站在旁观者的立场，从理性客观的角度去看待事情，自然就理智许多。

我 是啊，还没说出口时，当时羞耻的记忆、痛苦的情感统统都混杂在一起，让我觉得这是一件很严重的大事，但是当我真的说出口以后，情感和记忆全部消失无踪，只剩下苍白的语言，我觉得有点不可思议，“天哪，那些令我痛苦不堪的经历，说出口以后竟然变成了不值一提的小事”，就好像是任何一个青春期学生都曾烦恼过的问题一样，有种无病呻吟的感觉。

医生 如果拿现在和过去相比，你会发现当时的自己其实是还没有能力去承受那样的痛苦，于是把那些痛苦暂时封存在自己的秘密盒子里。

当你面对爱慕你的人，你会这样想：“现在的我已经在咬牙苦撑了，要是对方再触及我内心的某处创伤，对我造成二度伤害怎么办？”于是你干脆抑制自己的情感，然后不断地掩盖那些伤痕，久而久之，甚至忘了这个事实。

但看看现在，你的人生中已经有一位心爱的男友在身边，朋友圈子也不同于以往，异位性皮肤炎的状况也改善了很多，不是吗？我相信当初你一定深受这些问题的困扰，万分痛苦，但是现在的你已经能将那些事情视为过去的伤痕，“当时真的很痛苦，现在竟然完全好了，甚至没留下任何疤痕”，也许你已经能够看着疤痕暗自心想：“哦对，当初这里曾经受过伤。”

我　（又痛哭流涕）是，真的是这样，没错。

医生　实在抱歉，我的嗓子……

我　没事，没事，没关系。阅读《饥饿》那本书时，真的有一种我的秘密盒子，已经封装好的秘密盒子瞬间被人拆开的感觉。

当然，也有可能是我自己拆开的。总之，现在感觉如释重负，虽然可能还需要多加练习，但现在的我已经能更坦然地面对别人对我的评价，至少可以淡然自若地回应对方："我小时候的确长得很丑，也没什么人喜欢我。"

医生　嗯，就像你刚才说的，当你在对男友说这些事情时，你也观察了男友的反应，对吗？这就表示现在的你，已经有所进步，你可以向对方和盘托出，还能留心观察对方的反应。我希望你可以认知到这一点，现在的你已经不再是当年那个你。

我　嗯，我变得坚强许多。其实我很讨厌过去的那些阴影和伤痛对我影响至今，因为我不想让自己始终被过去所困。励志书里不是经常这样说吗？"过去什么都不是，你已经不再是过去的你"，这种话对我很有帮助，但是经验告诉我，过往的那些不愉快，多少还是会对现在有所影响。

医生　这是个很不错的经验。你是在什么样的因缘际会下读到那本书的呢？是别人推荐你读的吗？

我　没有，我只是习惯性地会去关注最近出版了哪些新书，这也是我的兴趣。我会去网络书店上看新书简介，《饥饿》这个书名首先吸引了我的注意，然后就看到了“关于身体与饥饿的告白”这句文案，再加上我很喜欢阅读回忆录，所以就点开内容简介的详细信息看了一下，没想到，只看了几句话就被击中，让我迫不及待想要买回来仔细阅读。

不过说来好笑，我只是把它放进购物车里，拖了好几天都没有结账，可能是出于既想要读，又不怎么想读的心理吧，最后想想“哎呀，算了，还是结账吧”，这才买回来。

收到书的那天刚好是“国际妇女节”，我给书拍了一张照片，翻开来阅读的那一瞬间实在是……不可思议的震撼，竟然才读到序言就泪流不止。

医生　在阅读那本书以前，心情怎么样呢？

我　请稍等我一下（翻找日记），前一天是星期四，那天我觉得有点累。

医生　为什么呢？

我　主要是工作太忙的关系，要参加公司会议，还有关于我自己的书的会议，当时已经连续三个晚上都没能好好休息。星期四那天还有公司内部培训，搞到晚上七点钟都还没下班。

还有另外一件事情，医生您也知道我是个对自己要求很高的人，我很害怕被人认为我无能，要是有同事提出不错的创意，我就会感到自卑，心想："唉，为什么我就想不到那么棒的创意？"我不知道自己到底为什么总是会这样往负面去想。

公司经常会针对某个图书项目从早到晚马不停蹄地开会，大家都能提出非常新颖又富有创意的点子，让我不禁怀疑："像我这种人真的有资格出书吗？"与此同时就会陷入深深的自责。

不过有一点还是值得欣慰，我现在已经不再有这种念头了，只是在当时那一刻很痛苦，压力也很大。

医生 实际上有人会给你这种压力吗？

我 没有，没有任何人给我压力，所以很好笑，要是有人给我压力或者责备我，也算说得通。

医生 看来没有人给你压力，是你自己给自己的压力。

我 对，而且我还会幻想，"大家内心一定都有这样的想法，只是没有对我说而已，一定都在等待机会随时爆发。"唉，真是无可救药的悲观性格。

医生 你经常会幻想然后因此而痛苦，是吗？

我 对，就是自作自受，然后又突然想要彻底摆脱这一切。对了，我不是说过，我把过去的事情都写在便签上吗？当时是边哭边写的，所以也搞不清楚自己到底写了什么，再找出来看才发现，原来我写的是“我想要堕落”。

我发现自己每次一见到您都会对您说：“我想要堕落。”然后您都会反问我：“什么是堕落？”我就会回答：“我不想再顾虑东、顾虑西，只想顺其自然。”然后您又会继续追问：“这样就叫作堕落吗？”对于现在的我来说，堕落就是选择辞职，因为我四个月前才刚跟公司说想要尝试新领域的工作，申请转调其他部门，结果才过四个月，我又在大家最忙、工作最繁重的时候宣布：“我因为罹患严重的精神疾病，所以要辞职。”这就是目前我认为最堕落的事情，也是我渴望的事情。总之，就是诸如此类的念头。

医生 我想也许你就是因为害怕自己的前程真的会毁掉，所以才会先发制人，在别人给你压力前先给自己压力，等于是在自行处理沉重的负担感。

我 没错，就是负担感！我的确负担挺重的。昨天公司召开研讨会，您也知道我对职场生活有很大的恐惧，我们总共有十三个人聚集在会议室里开会，当时气氛还是挺轻松的，也不是那么令人感到窒息，但是该怎么说呢，我们公司没有那种倚老卖老或者仗着自己是前辈、年纪较大就要其他人都尊敬他的讨厌鬼，不过还是暗藏着等级差别。比方说，当所有人一起开会时，会议的主导权会自动转移到本部长[①]身上，我们则只能默默地察言观色。当本部长开口问道："现在是谁在做会议记录？带电脑了吗？"这时年纪最小的同事就会急忙起身去拿笔记本电脑，简单来说就是这种氛围。

我很讨厌这样的氛围，觉得很压抑，让人精神紧绷。我跟同年龄的同事在一起还好，每次只要和有权有势的领导或者自成一格的小团体在一起，就会感到非常不安，感觉这些人一定会讨厌我，暗地里说我坏话，对我造成伤害。事实上根本就没有人这样做，可我却总是作茧自缚，比如昨天，我就感受到这种心理上的倦怠。

医生 看来是害怕被人遗弃的恐惧感在作祟。不过至少现

① 本部是指日韩大企业里的大事业部，本部长的等级仅次于社长，比部长大。社长相当于总经理，本部长相当于一个区域的负责人。——编者注

在的你还会幻想这种事情，不像以前，连想要豁出去为所欲为的念头都没有，总是毫无自信地认为：“怎么可能，我怎么可能办得到？”感觉你同时存在两种心理，一种是“算了，与其承受这种痛苦，不如离开这个是非之地”，另一种是“不，再坚持一下，我还是想要获得别人的认可”。

我 是的是的，一方面想着无论如何都要咬牙撑下去，得到认可，另一方面又想干脆放弃，直接甩手辞职。

医生 嗯，这也是正常的。人如果没有压力或焦虑，也就不会有长进。当别人给我们指出问题时，我们不去虚心接受，反而一心想着对方“是不是有病”，不做出任何改变，那就又是另外一个问题了。

我觉得你是对自己的成长感到害怕或担忧，每个人都会随着年龄增长而有所改变，不是吗？小时候，我们都渴望着迅速成熟，但是到了一定年龄之后，就会一边焦虑着自己现在是不是已经开始在倚老卖老，一边又必须重新适应自己的行为或改变，其实你只要把它想成是人生的过渡期即可。

如果说以前的你不论思维还是行为统统都习惯用二元对立方式，非黑即白，非此即彼，那么现在我建议你不妨用更弹性的方式去想："虽然我现在的行为是这样，但我有着不一样的思维。"会不会能让自己更舒服自在一些呢？

我 我记得您之前也提到"过渡期"这个词，我当时觉得很茫然，不知道是否真的就是过渡期，但是这次让我第一次有了"这应该只是过程"的感觉，我想要相信这一切只是过程。

医生 非常好。

我 "我从来没有因为别人长得丑、身材胖、皮肤不好就讨厌或者瞧不起对方"，男友这句话让我得到莫大的安慰，因为他说得实在太对了。

医生 每个人一定都有不想再回忆起来的阴暗面，比方说，明知道不该对这种事情产生厌恶，却发现自己正不自觉地在厌恶，然后对于这样的自己感到羞愧不已，不断反省检讨。

过去的自己也许不只是受害者，可能同时当过加害者，但是我们会转换角度去思考曾经做过的那些事情，最后产生"有利于自己的想法"，我们并不会因为回忆起过往的某个极端案例，就让那段经历来定性我们的本质。

我 也是。我不是有很长一段时间都会用男性观点、男性视角来看待事情吗？也很想要在男性的心目中留下好印象。我很厌恶这样的自己，但是我男友却不理解这有什么不好的，到底为什么要对此感到厌恶，他还问我到底什么是“厌恶”。我回答他说：“厌恶，就是指非常非常讨厌，可能比这还更严重一些。”

男友表示无法理解，“不就是想要在某人面前努力表现，争取在对方心目中留下好印象吗？这有什么不好的？这么说来，我小时候像个蠢蛋一样一直在某人面前卖力表现，甚至还会自作多情，这些行为在你眼里都是很让人厌恶的吗？”我赶紧解释：“我不会这么想啊。”

我怎么会厌恶呢？这种行为明明很可爱啊，甚至还有点令人心疼。所以男友的回答让我重新意识到，“对啊，这有什么好厌恶的，不是很正常的事情吗？想要在对方心目中留下好印象错了吗？想要被人爱有什么不好？”这么一想，我的心里舒服了许多。

对了，最后一件事是我在网友推荐《饥饿》的文章中读到这样一段话：“像《饥饿》这种述说自身伤疤与痛苦的书，展现的未必是真实的情感，自我怜悯和自恋倾向是最糟糕的性格及写作态度，作者很容易掉入这些陷阱。”我一直认为自己有很强烈的自我怜悯心理，看到这段文字不免有点受伤，究竟为何那会是最糟糕的性格？

医生 这个嘛……我也不太清楚。我猜可能是因为自我怜悯外加又有自恋倾向的人，通常视野会很狭窄，很容易认为自己都是对的，或者凡事都会联想到自己受过的伤。

我 在您看来，我也有自恋倾向同时还自我怜悯吗？

医生 看不太出来你有自恋倾向，自我怜悯倒是挺明显的。

我 那您觉得自我怜悯是不好的性格吗？

医生 不会啊，怎么会是不好的性格呢？虽然我没看过那本书，但是我猜网友写的这段话应该是在说：“你像我一样痛苦过吗？我才是最痛苦的，如果你没有像我一样痛苦过，就别轻易发言。”有没有可能是这样呢？

我 哦……原来如此，那我明白了。我之所以会想很多，是因为我自认为是个严重自我怜悯的人，而且面对过往伤痛时也十分脆弱，有许多内心受创的记忆。但我一定也对别人造成过伤害，而且可能有无数次了，我却只记得自己受过的伤。

像我写文章通常也是以记录自己的伤痛为主，然后我又会用别人的观点进行自我检讨，读者朋友们一定会心想：“哼，又是一个自我怜悯者，在那里扮演受害者。”

医生　现在这个社会可以让我们自由展现自己，不是吗？很多人都会写“我曾经如此痛苦过，这一路走来是如何克服的”这样的文章，以此来获得安慰，只要你写作的时候不是想着“我该怎么写才会看起来更可怜”，而是纯粹分享自己过去的真实经历，那就没有任何问题。

我　对，这个方法不错，不要描述过多的个人情感。哦对了，我最近还想起好多过去被我遗忘的事情。

医生　这是很好的现象，说明过去被你封印已久的事情正在逐渐解除。有些事情会完全深埋在潜意识里，被自己彻底遗忘，但是随着某个环节解锁成功，就会像多米诺骨牌一样继续解锁下去。想起过去遗忘已久的往事，表示你现在的内心已经准备好可以承受那些往事，或者至少有勇气能敲开那些事情的大门。

我　那看来我的想法没有错，我觉得自己的心态变得比以往更坚强，也对自己产生不少信任，所以感觉还不错。

医生　这样很好啊。

我　嗯，祝您身体早日康复，我们下周见。

医生　好的，谢谢。

专挑负面评价吸收的我

我装扮自己，只为了不要让自己看起来太丑，但是看着装扮过的自己，又觉得很不自然，原本的气质好像也消失无踪。

我已经厌倦了被人评头论足，从小就经常被拿来和长相标致的大姐相比，每次和阿姨们见面，她们都会拿我们做比较，让表弟、表妹说大表姐好看，还是小表姐好看。小学、初中、高中时期，没有任何人喜欢过我（当然现在也不是很受欢迎，但当时是一个喜欢我的人都没有），男友的哥们儿也总是质疑我的相貌，他们认为我一点都不漂亮。

有人说我的长相不是男人会喜欢的类型，一起打工的男同事也曾经突然没来由地对我说，要是我和他一起去参加志愿者活动，一定会是全场最美女神。说完这句，最后又附加一句带有性骚扰的暗示，“可是你距离性感两个字很遥远”。还有的人嘲笑我个头太矮，说我应该去做断骨增高的手术。去面试时，雇主说我的照片和本人不一样，“照片比本人漂亮”这种话我都已经听到耳朵长茧，所以现在拍照我不会使用任何滤镜。

偶尔被人称赞漂亮时，有些人还会当着我的面反驳说“世熙才不是什么美女”。就算男友认为我是全世界最漂亮的人，我也并不会因此而开心。就连我自己都很讨厌自己的长相，他每天说我漂亮又有什么用呢？能改变什么呢？那些称赞我的话好像都会反弹，根本进不了我的耳朵，我专挑负面评价来吸收。

第 14 周

摆脱不掉的减肥强迫症

小时候我没有特别注意过自己的身材，因为我全身最明显的缺陷是异位性皮肤炎，至于身材则很少有人多做评论，因为在大家的印象中，我的身材极其平凡，毫无特点。我很贪吃，小学和初中时期正好处于成长阶段，每年都会长高，所以不用刻意减肥，也能维持普通的体态。

初三那年的寒假，我穿着无袖上衣在看电视，大姐走过来说："咦？你手臂怎么了？怎么胖成这样？到底是怎么搞的？"恰好在那段时间，一个匿名网友也在网上说我太胖。那是我人生中第一次怀疑自己身材有问题，也开始拿自己的身材和其他女性做比较。从那时起，我开始讨厌自己的身体，我经常会想："我的肚子上全是肉，她的肚子却很平坦；我的脸很圆，她却是鹅蛋脸；我的手臂很粗，她的却很细。"我开始自然而然地厌恶起我的小腹、脸蛋、手臂等全身上下的肥肉。

我不再把女性的身材简单分成胖和瘦，而是更加细分，还给她们一一归类，例如：骨瘦如柴的体形、苗条纤细的体形、普通体形、稍微丰腴的体形等。我觉得女人一旦身材变胖，就会被人瞧不起，事实也的确如此。从高中开始的对减肥的那份执着，一直延续至今，哪怕我现在体重已经下降很多，我依然不满意。

我　　您好，今天喉咙好些吗？

医生　　好很多了。你过得怎么样？

我　　我吗？还不错，但又为了减肥的事情搞得人仰马翻……

医生　　怎么回事？

我　　我们公司正在策划一本心理手帐，把二十到三十岁的女性会有的内心烦恼，收录进手帐里，包括减肥强迫症、恋爱成瘾、冲动购物、情绪调节障碍等。我去买减肥篇中提到的作家的作品来阅读，然后按照书里提供的饮食失调测验做了自我检测，只要测试结果高于二十七分，就表示有非常严重的饮食失调，结果我测出来竟然高达四十六分，当时我想："这是病吗？"虽然我没有一直沉浸在这样的想法里，但也意识到事态很严重。当时公司有个同事也和我一起做了这项测验，结果她只得了八分（错愕），我这才意识到原来自己已经彻底被食欲、减肥所支配。

后来我发现自己已经胖到连去年夏天的衣服都穿不下了，有一条裤子去年穿起来还很宽松，需要系腰带，但是现在拿出来穿，竟然变得很紧身，实在太崩溃了，我都快疯了。

我认为自己的精神问题已经改善许多，比方说，抑郁或者空虚感都有大幅度减轻，而且因为工作忙得焦头烂额，也没空去体会那些感受，但是我对身材还是一如既往地有着强迫观念。

医生 那么当你在看到自己脱去衣服后全裸的身体时有什么感觉呢？

我 我不喜欢看我的身体，因为我对我的身材很不满意，看了只会让我更加烦躁。

医生 因为太胖吗？

我 对，我身材太圆了，虽然还不到肥胖的程度，但已经有点圆滚滚了。

医生 那当你看见自己的身体以后，会立刻调整饮食吗？

我 会，我会吃得更多，有点像是自暴自弃，破罐破摔，心里想着："哎呀，算了，不管了！"我不太能控制食欲，也没有有规律地按时吃饭，光是吃饭这件事就令我备感压力。我总是开开心心地享用一天当中的第一餐，从第二餐开始就会吃得很有压力，其实既然要吃饭，不如带着愉悦的心情吃，但吃饭对我来说变成了痛苦的事，成了恶性循环。就算中午尽情吃到饱，晚上也依旧会饿，所以我干脆不吃午餐，但我又因为一直感到饿，就会更想要吃甜食。

医生 当然喽，因为你的食欲中枢会受损。

我 嗯，我最近想过要改变饮食习惯。每次因为节食而挨饿或者一天只吃一餐的时候，转天就一定会疯狂吃零食，这次我也是一口气吃掉三包零食，结果肚子很不舒服，口干舌燥，皮肤发痒，感觉浑身不对劲，而且还会觉得后悔莫及，心里也很难受。

医生 你不常吃蔬菜吗？

我 我中午会吃一个苹果或蔬菜沙拉。

医生 减肥是现代女性一辈子的烦恼，俨然已成为人生课题。当你感到严重饥饿时，迟早会产生补偿心理。我觉得你应该关注如何消除饥饿感。

我 也是，只要吃一口就会停不下来，倒不如想想怎么让自己不感到饿。

医生　很多人都是这样，包括我也是。

我　是吗？您给我开的那包早上吃的药对于调节食欲很有帮助，最近我晚上不怎么狂吃零食了，一次吃掉的那三包零食，是在早晨通勤时买的，大概在中午前就已经被我吃个精光。同事都来关心我，问我："最近是不是压力很大？"男友感觉我这样有点反常，觉得我情况变严重了，叫我一定要对您说这件事，并且问问看是否可以靠药物来调节。因为减肥一直都是最困扰我、使我压力倍增的问题，难以靠自己的意志力来控制，所以他建议我和您聊聊。

医生　我觉得有点奇怪，从客观角度来看，你根本就不属于肥胖的体形，想要减肥也只是为了满足自我，其实你是正常体形，却总是自认为肥胖。

当然，有些人服用了食欲抑制剂以后能看到明显效果，这的确是选项之一，但是我会建议你先找寻替代方案，改变平时的一些生活习惯，这样做比较稳妥。以零食为例，"从今以后我再也不吃零食"这样的目标太难达成，所以要找到可以替代的折中方案才行，一下子全面戒掉，只会带来反效果。

我　不能用药物来改善吗？

医生　你要服用食欲抑制剂试试看吗？它和你现在早上吃

的药成分差不多，我自己也在吃，但是因为在我身上看不到太明显的效果，所以也就吃吃停停的，能看到明显效果的人应该是反应挺大的。

我 好，我吃吃看。

医生 我开的这种药不是过去常用的食欲抑制剂，那种药物之前在减肥中心经常被使用，里面含有防止突发性症状发作的成分，服用初期会觉得很有效，但是效果不持久，很容易反弹。最近有一种新药，初期效果不如它明显，但是已经通过验证，可以维持比较长的时间，我会开这种药给你。

你在吃维生素吗？记得服药的同时补充维生素 C，减肥瘦身的人免疫力会变差，建议你多吃维生素 C，吃片状的也可以。

我 好的。

医生 以前韩国某所大学家庭医学系做过一项研究实验，将吃了维生素 C 与没吃维生素 C 的两组受试者进行比较，最后发现前者的减肥效果明显比后者更好。它有抗氧化的作用，减肥时我们的细胞很容易老化，可以靠它来预防。

我 是，我的确感觉自己变老了。

医生 你变老了？

我　是啊，我总是不注意身体健康。我男朋友很重视养生，他的观念是，不要等生病了再去花钱治病，也不要浑身病痛地死掉。他说他最害怕生病，我和他不同，我根本不重视健康。哦！对了，我还想问您一个问题，我好像不太在意一般人关注的大问题，反而会纠结于一般人认为不太重要的小问题。举例来说，因视神经受损而导致青光眼，我一点都不紧张，表现得十分淡定，可别人无意中说的一句话，也许就会让我心灵受伤，无法承受，一直记在心里，留下难以抹去的伤痕。

医生　我觉得这不是事情大小的问题，而是那些事情对你来说有何意义。同样是生病这个事，有些人感觉天快塌下来了，有些人就去积极治疗，并不会感到焦虑不安。

我　哦，所以是观念上的差异吗？

医生　对，有些事情可能在其他人眼里微不足道，在你眼里则意义重大，毕竟每个人的观念不同。

我　那么，我不重视、不在乎自己的身体健康，也不太关心自己受的伤，这些都跟心理有关吗？

医生　如果从不同角度去想，可能多少和自我惩罚的欲望也有关联，简言之，就是故意想给自己找麻烦，不让自己过得那么幸福。

我 嗯，的确。我觉得自己的状态变得越来越好。

医生 当你穿不下去年的衣服时，你会努力去接受这样的事实，例如："我干脆不称体重了，接下来要好好减肥！"你会有越来越多像这样可以自行控制的想法。

我 以前我对自己毫无自信，只要有人谈论我或者担心我，我就会被影响，但是最近很少会这样了。我更重视自己的选择、自己的感受，可以明显感觉到自己越来越不受他人影响，所以很开心。

医生 那你能做到完全不予理会吗？

我 可以，我变得能够正面思考："我明明已经比以往幸福，状态也改善很多，为什么还会这样？干吗要去烦恼那些不必要的事？"要是以前的我就会心想："我现在看起来很奇怪，我这辈子算是白活了。"或者担心："我的情况会不会正在恶化，我在自毁前程，自己却浑然不知。"像这样的焦虑感很强烈。但是最近我不太会有这样的念头，姐姐还挺担心我的，但我一点也没有被她影响。

医生 那么当其他人担心你时，你会感到不愉快吗？
你会在心里想"这人干吗这么多管闲事"吗？

我 嗯……我会暗自心想："过好你自己的人生吧，干吗来干涉我的私事？"

医生 很好，当然要把自己的人生摆在第一位。现在提倡追求多元化的人生，当我们看别人的人生时，往往会用相对客观的角度去看待，心想："可以这样生活，也可以那样生活。"但奇怪的是，每当我们检视自己的人生时，就会站在别人的角度，用负面的观点来评价，换句话说，就是用陈腐老旧的观点看自己，其实完全不必这么做。

以文身为例，有些人看到别人的文身会想："天哪，那些文身以后再也弄不掉了，他到底在想什么？"有些人则会认为："哇，好酷！"但不论别人怎么看，我们自己在文身时都不必理会那些传统观念，只要想着："我有我文身的理由，而且我是因为真心觉得好看才去文身。"我们一定要以这样的心态生活才会愉快。

我 对，这种心态的确使我的生活改善许多，但我依旧没有办法摆脱职场上的忧虑，例如：怀疑自己的工作能力，不知自己在公司是否被认可，担心被边缘化、被瞧不起、被人说闲话等。

医生 这种忧虑应该很难完全摆脱，因为我们生活在这世上，本来就不能独自生存，任何人都需要与人共存。打个比方吧，假设有其他大公司来挖我，我自然会很高兴，但是接下来才是真正的考验，我不知自己能否胜任新工作，所以一定会感到很有压力，任何人都会有这种压力及负担。

我 您也会有这种压力吗？

医生 当然，比方说某位患者的情况已经逐渐好转，但是如果他突然不再来我这里接受治疗，我就会心想："是不是我上次有什么地方不小心冒犯到他？"

我 呃……原来如此，看来压力真的是不可避免。最近其实除了身材烦恼以外，其他方面我都还觉得挺幸福的，所以我经常思考要如何让这份幸福感延续。

前段时间我出了书，赚了点钱，我就给了父母、姐姐和妹妹一些零花钱，虽然赚得不多，但至少手头变宽裕了，我想，以后也要保持这种财务水平。于是我开始不停研究关于理财的事情。

您也知道，比起职场上的工作问题，我更在乎职场的人际关系，这带给我很大压力，明明没有人责怪我，也根本没人注意我，我却总是自己给自己压力，会一直钻牛角尖。我不怕工作压力，但是很恐惧人际关系、同事间的竞争，害怕面对这种要不停适应变化、避免被淘汰等等诸如此类的压力，我很希望能从此摆脱这些困扰。

医生 我希望你可以去试着接受这个事实：任何人都会有这种压力，不论多么有趣的工作也不可能完全零压力，你要告诉自己压力是不可避免的。

尽管你现在能感到幸福，但也不代表就一定会事事顺心，现在的你只是因为变得比以前坚强，所以就算有人来故意打击你，你也可以不为所动。要是当时的你还处于过去那种内心脆弱的状态，那么别人一句无心的话可能都会使你感到非常难过，非常受伤。

假如你现在还认为人生很苦，不妨这样想："我要怎么做才能让自己不痛苦？世界上不是只有我一个人如此痛苦吧。"这样想也许能让自己舒服一点。

我 看来真的要去试着接受这样的事实……虽然最近工作压力比较大，但是我很喜欢工作。就算现在的我很容易紧张，也深恨自己的无能，看见其他人个个都跟天才一样聪明绝顶时，也使我压力倍增，但我依然喜欢忙碌的工作。

不过我的压力可能比我想象中还要大，搞得我很痛苦，所以我干脆在下下周请了三天年假，打算去济州岛玩个五天四夜，已经向主管报备过了，要去好好充个电再回来认真工作。

医生 很好啊，正好是樱花盛开的时候呢！你刚才不是说除了身材问题困扰你，其他方面都还算不错吗？那我建议你不妨从生活方面着手改变，比方说，和男友约会时，可以尽量多安排一些户外运动，让身体充分活动起来，也能减轻心理上的抑郁。

我 正巧今天男友找我一起去爬山，一开始我还婉拒了，平常拒绝他的时候，他都会很干脆地说：“好吧。”但今天他却不断鼓励我：“还是一起去吧，天气也很好呢 。”我拗不过他，只好和他一起去爬山。后来觉得这个决定真是太对了，是很好的一次体验。

医生 不过每个人减肥时都会遇到一个最核心的问题：运动量增加了，体重却几乎没什么改变……

我 对，所以要控制饮食……

医生 嗯，一旦运动量增加，食欲自然会变好，多运动当然也会吃得更多，所以这部分真的很难平衡。我们往往会这样想：“我都已经做这么多运动了，至少要多吃点好的才行。”建议你多注意自己喜欢吃的食物的热量，然后想想要如何减少碳水化合物或含糖饮食的摄取量。糖分在大脑的奖赏系统中很容易起作用，使我们马上获得满足，然而，越是立即见效的药物依赖性越强，比方说毒品，服用后马上奏效，但也很快失效，甜食也具有这种特性。我建议你先按时服用晚上的药物看看，之后再决定要不要我开食欲抑制剂给你。或者你试试看中午服用食欲抑制剂呢？

我 我通常都会在八点半左右吃早上的药，我觉得您这次开给我的睡前药还不错，虽然还是会一直在半夜醒来，但是怎么说呢？我感觉最近睡得比以前好。

医生 那就在中午服用食欲抑制剂吧。

我 好的。我们下周见。

明明只是个极其平凡的身材

现在我遇到的每个人都说我变胖了，所以我完全不想见任何人，也不想出门，该怎么办才好？听见别人说我胖，我会自动解读成是“丑”的意思；说我看起来很有福气，我会解读成“体态肥胖”的意思。对我来说，变胖就等于丑、不出众、让人瞧不起。

我会直接用别人评判我的观点来看待自己，甚至会添油加醋，更尖锐、更彻底地否定自己，比别人更深刻地伤害我自己。

外貌强迫症、减肥强迫症、生病，越是自我限制我就越压抑，然后再用暴饮暴食的方式宣泄出来。

一转眼，这样的状态已经长达十年之久。高中时期我一直都体态丰腴，上了大学以后成功瘦了下来，但也没变得多漂亮，顶多走在路上吃薯条不会再被人说闲话罢了，吃完饭后马上吃巧克力也不会再有人对我说：“你就是因为这样吃所以才会胖。”我很享受每当我说要减肥时，大家都会对我说：“你有什么可减的！”

我沉浸在这种又奇怪又拧巴的跟自己的较劲里，不是为了自身健康，而是为了迎合他人所以定期减肥。当我想着这些事情时，食欲又会激增到难以控制的地步，我想这一切问题的根本原因就是我没能控制好自己的欲念。

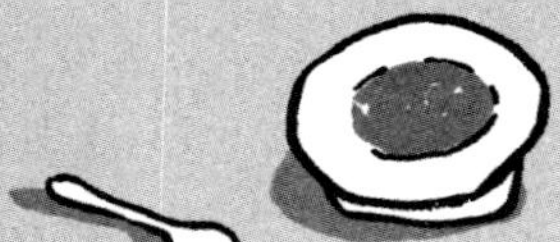

第 15 周

我习惯用他人的眼光看自己

活了三十年，让我感受最深刻的是，别人其实对我并不感兴趣，这样的事实不免令我有些难过，因为我对别人总是充满兴趣：他们去哪里，有什么想法，现在心情如何，都会使我好奇；当我看到某人突然盛装打扮亮相时，我会想要主动赞美对方；当有人换新发型、尝试新彩妆时，也都会被我一眼发现；除此之外，我还很擅长发现别人的优点和缺点。因此，当我发觉别人对我毫无兴趣时，我会有些失落。比方说，我趁午休时间默默去换了一套衣服回来，却没有任何人注意到；或者我换了新发型，一直期待着别人的评价，但根本没有人发现我换新发型了。虽说无人关注也就没有压力，但另一方面也会让我觉得很没有存在感，很孤独。

我　　您好。

医生 最近食欲如何？正常一点了吗？

我 呃……还好，感觉好了一点。

医生 食欲降低以后食量也减少了吗？

我 除了有一次因为压力过大狂吃零食外，其他时间都还算正常，吃的分量也都刚刚好。

医生 那是因为什么事情压力过大呢？

我 嗯……我打算辞职。

医生 为什么呢？

我 我跟公司说我签了一份出版合约，但是公司竟然不同意我做这件事，站在老板的立场，他认为这件事会影响到我手头的工作。当我和他谈完以后走出会议室，心情实在很糟，公司又没有付我二十四小时薪水，到底为什么要阻止我用个人时间进行创作，我实在难以理解，该怎么说呢？我现在对这家公司彻底感到心灰意冷了，突然对这一切都感到厌烦，所以我在考虑要不要直接跟公司说："这是我的自由，既然不允许我写书，那我就辞职。"

医生 你要不要想想看，假设因为这件事情而选择辞职的话，之后会带来哪些影响呢？

我 的确应该要先想好退路，但是我现在还没考虑，这星期五我也没有去上班，因为身体不太舒服，后果什么的我也懒得去想，一直被想辞职的念头所支配。而且我很讨厌自己因为害怕被人议论、得罪人而老是不敢说实话、唯唯诺诺的。这些情绪一直累积在我心里，使我心烦意乱，最后到达临界点，恨不得马上辞职，一刻都不想等。

医生 你这样有点往极端方向发展，变成只有“辞职”和“继续上班”两种选项，这样会不会变成是自毁前程的选项呢？我可以理解你目前在情感上感受到的委屈和愤怒，但是那股怨气太快就变成了“辞职”这样的极端选择，只能选择要或不要继续上班，要或不要出书这样（二元对立式）。

我 嗯，是，其实我才刚换部门四个月，这么快就提辞职确实不太合适，但我觉得工作起来有点无力。比如我策划的活动方案总是通不过，领导还总是派给我一些我完全没兴趣的项目，感觉其他人都很忙碌，只有我最闲，我也不知道该做什么，有一种说不上来的无聊感，对工作缺乏热情，没有动力……

医生 像现在这样绝望感加剧的时候，看任何事情自然都会比较负面。以你目前的状态来说，你应该会选择往坏处去看，不太会选择往好处看，而且还会钻牛角尖。为了让自己可以用更客观的角度看待现状，要不要干脆排除自己的情况，试着去了解别人的情况呢？

我　怎么样去了解别人的情况呢？

医生　这个嘛……这毕竟是你们公司内部的事情，可能你会更了解……难道一点办法都没有吗？如果不多方考量再做决定，会不会不小心牺牲了自己呢？

我　牺牲？我并不认为辞职就是牺牲。

医生　你本来是想继续留在那家公司工作的，不是吗？但是因为现在工作无聊、受了委屈所以想辞职。我是担心你很可能只是为了合理化[①]自己的决定而硬凑出这些理由。

我　在您看来我是不是太感情用事了？

医生　的确是有一点。

我　其实这已经是上个星期的事了，都过了三天了，可我的情绪还是难以平复。

医生　因为你一直带着愤怒的情绪……

我　为什么我会有如此强烈的厌倦感呢？

医生　我相信任何人都会在面临类似的情况时感到愤怒，

---

① 合理化（rationalization）是指当某一个追求的目标不能实现时，会找某些理由为自己开脱，使自己心理上得到安慰，有时也会找出一些借口来掩饰自己的行为和不愿承认的事实。——编者注

但也会依照自己看待事情的重要程度而做出不同选择，毕竟每个人的反应都不尽相同。

我 被人说闲话又怎样？我实在搞不懂自己到底为什么这么害怕被人诋毁。

医生 虽然你嘴上说着“被人说闲话又怎样”，但我总觉得你一直在批判自我，你在用别人的眼睛来看你自己，不间断地、自动反射式地、毫无过滤地把别人的评价照单全收，久而久之，你会完全忽略那些好的评价，只接收负面信息，因为他人的影响而轻言放弃。

我建议你在这种情况下不妨再自私一点、再我行我素一点，把自己放在第一位去做选择。

我 明明没有人说我闲话或者当面指责我，我却总觉得“公司里一定有人在我背后说我坏话或者讨厌我”，这样的想法一直挥之不去。我很爱胡思乱想、疑神疑鬼，然后又觉得心好累。

医生 就算真的有人在你背后说坏话，只要你没亲耳听见，又有什么关系呢？别人的闲言碎语，又不关你的事。当然，假如那些话被你当场听见，你一定会很不爽，但是那些人对你来说根本不重要，不是吗？所以你根本不需要理会他们。反之，要是你很喜欢的人说他讨厌你，这才真正值得难过。

我只是想要强调，你需要做这样的区分，更坦白地面对自己的情感，比起别人怎么看你，你怎么看自己更重要，但是现在的你好像一直在把别人的眼光混淆成是自己的。

有时候我们会因为对方是某种类型而不自觉地去迎合对方，但是当你迎合的人越多，就越无法顾及到你真正喜欢以及喜欢你的人，让这些真正在乎你的人感到失望或者心里不是滋味，然后你又会再度因此而更深刻地检讨自我。

我建议你再自私一点，把人际关系区分成“对我来说非常重要的人”与“不是很重要的人”，这么做不会有任何问题，因为每个人都是如此。假如有什么方法可以让自己少吃点亏，让自身利益多一些保障，不妨大胆去尝试，把它作为优先选项。

还有一点，当你在做选择时，“要或不要”其实是在各种选项中的最终选择，而且是省去了协调或协商过程的“最终决定”，等于直奔结果。打个比方，如果争取一下，你本可以拿到自己应得的，可是你一上来就放弃了，心想“唉，算了，我才不稀罕，你都拿走吧”。你省略了过程，直接宣判结果。养成这种习惯之后，时间久了，你很可能会在某个瞬间发现自己落后于人或者被人挤下台，你会变得更受伤。我能充分体会你的愤怒与失望，但是我希望你不要因为愤怒而过度伤害自己。

我 也就是放弃太多的意思吗？

医生 对。

我 的确，我的确是有“我才不稀罕，我什么都不要，还是辞职算了”这种心态。

医生 当你抱持这样的心态久了，做出的决定很可能会带来懊悔。就算你要递辞职信，最好也再工作一阵子，把该享受的福利都拿到，顺便也想想接下来要做什么。

我 可是我不想进公司。

医生 那就思考一下接下来要安排什么计划，希望你相信理性的力量。

我 每当我想法极端时，我就在想：“唉，人到底为什么要活着？”虽然也有幸福的事情，但是在工作中一直要与人竞争，要不断想出好创意，到目前为止，我感受到的压力要比幸福多得多。当我的内心充斥着愤怒时，我会想要一死了之。看着公司里的人，我感觉他们都是工作狂，每个人都不停加班……只有我不加班，每天准时下班，还经常请年假，身体不适就请假不去上班，所以我才会理所当然地猜测大家应该不怎么喜欢我，因为我一点也不想要像他们一样过度认真地工作。

医生 你这是在不自觉地站在别人的角度去揣摩他们的想法，再把那些猜想当成是你的想法来诉说，所以你会有罪恶感，而罪恶感又使你感到愤怒。

其实自认为长得漂亮的人，并不会因为有人抨击她的外表而心情受影响，但假如是对外貌不够有自信、认为自己不够完美的人，一旦有人开玩笑说他哪里丑，很可能就会在他心中留下阴影，无法只当作玩笑话一笑置之（我不能理解医生在说什么）。

我 那我该怎么办呢？

医生 我的意思是，也许你在接收或者想象公司给你的暗示信息时太过敏感，也很爱烦恼“要是别人这样看我的话怎么办”。假如你的工作真的不需要加班，那也不用因为其他人的议论或眼光而勉强让自己去加班吧，但是现在的你却总是想着：“唉，公司里的人都在加班，又是只有我一个人没加班。”假如你认为准时下班对你来说无比重要，那么从下班走出公司的那一刻起，你就该专注地去做其他事情，回到自己的日常生活，而不是一直在担心别人的看法。

我 我了解了，不过我还是不懂大家为什么要那么拼命工作。

医生 他们也许有他们的理由。

我 所以我才会有罪恶感啊，感觉好像只有我最懒惰……

医生 你现在说的罪恶感并不是基于自己的标准，而是公司的标准。“你工作这么闲，时间很多嘛，所以才能写书，在其他公司出书是吧？”像这样，你就是在用公司的标准来思考，不是吗？

我 那我该怎么想呢？

医生 你应该再多为自己着想一点，就如同想要减肥一样，就算其他人都说你是正常体重，只要你认为自己还可以再瘦一点，就照自己的意思去做，多用自己的标准去判断。要试着去反思自己是不是太常用别人的观点或者常理去推断事情，甚至还拿自己的观点去做比较，将二者之间产生的差异视为个人问题。

对了，你会对男友说这些事情吗？

我 我跟他说了我想要辞职，他也表示尊重我的决定，叫我想怎么做就怎么做。

医生　假如你真的提出辞职，不再做这份工作，会有什么事情是最令你感到惋惜的呢？

我　惋惜？可能会对资历还没累积到足以跳槽的程度感到惋惜吧，还有……钱？

医生　嗯，这两项自然会是最惋惜的部分。其他人都很忙，都像工作狂，显得你无所事事，从某个角度来看的确很负面，但如果从另一个角度来看，也有可能是正面的。就如同你说的，你换到这个部门才四个月，其他人累积至今的工作量或者被安排的任务可能和你不同。其实这个工作的性质是你一直梦寐以求的，不是吗？在还没有充分体验之前，只因为其他因素就这么轻易放弃，感觉很可惜。

我　我觉得等我去旅行回来，好好放松一下，应该就能理出头绪来。

医生　在这之前打算怎么办呢？

我　我本来想要在星期一提出辞职，现在想想还是再等等吧。

医生　新书出版签约的事情提前跟公司说了吗？什么时候要签约呢？

我　下星期三。可以帮我开两周的药吗？因为接下来要去旅行。

医生 好，希望你可以再想想各种可能性，或者仔细梳理一下自己具有哪些有利条件。

我 好的。

医生 旅行时记得不要刻意去想“我应该要这样思考”，纯粹享受旅行就好，希望你可以放下心中一部分的负担。

我 好，谢谢医生。

医生 旅途愉快。

不想被人遗忘，却又想彻底逃离

下午参加了一场策划会，我准备的三个项目中有两个根本只字未提就直接跳过了，当然，可能是因为会议时间有限，但这件事情还是令我耿耿于怀，感觉自己好像被边缘化了。

我是那种只要有人在旁边轻轻碰一下就会晕倒的人，到底是怎么在职场上撑到现在的？像我这样软弱、懦弱的人，就连我自己都讨厌自己。要是能钝感一点、内心恢复力强一点、大而化之一点该有多好，我却那么容易因为一件小事而纠结，独自痛苦难过。

我真的很讨厌当一个没能力的人，也很害怕变成这种人，对于无所不在、不可避免的竞争关系也感到疲惫不堪。开策划会时，我脑海里突然闪过以后还要继续开这种会议、身处在这种竞争关系中的画面，觉得恐怖至极。

不论幸福与否，我都会感到痛苦。可是有时就算觉得情况很糟糕，也还是会生出感激之情，比如前阵子我心情很不好，却突然对于有热水澡可以洗这件事充满感激。我这种人也真是够奇怪的。

我继续游走在痛苦与感激之间，我要试着去接受“既痛苦又感激”“既想要融入团体又想要逃离团体”这样矛盾的自己，接受吧，接受吧……这样的矛盾会共存是不可避免的事情。

第 16 周

我需要肉眼可见的伤口

星期天，我的抑郁又发作了，明明都已经准备好要前往延南洞，却临时躺回了床上，吃了好多好多零食配啤酒。无力感笼罩全身，棉被则像棺材板一样沉甸甸的，我好想死。

睁开眼睛时已经是傍晚八点多，我起来喝了马格利酒，读了一会儿书，刷刷手机，用巧克力和海苔当下酒菜，把酒喝得一滴都不剩。

就在这时，我突然有一股冲动想要自残，想要在身上弄出一些肉眼可见的伤口。我在脑海中想象了许久自残的画面，原本打算要睡觉，也躺在床上了，此刻突然有了强烈的念头，觉得非做不可，于是毫不犹豫地去拿了一把刀子，在自己的手腕上划了好几道。正当我心想“这样应该就够了吧”的时候，我穿上夹克外套冲出家门。我爬上四楼的天台俯瞰下方，那个高度并没有使我感到恐惧，真正令我害怕的反而是掉到下面时感觉应该会很痛，我就这样向下看了许久，要是酒再喝多一点，醉意再浓一些，也许我就跳下去了。还好，最后我清醒过来，在那里待了好长一段时间，又重返家中。

我躺在男友身边默默看着手腕上的伤痕，这时男友突然从睡梦中惊醒，他问我："你的手怎么会这样？是在哪里划伤的？"我因为害怕而躲进了棉被，低声呢喃："是我自己弄的。"男友听完一脸茫然，过了一段时间才起身去拿药来帮我涂。

我就这样熬到了凌晨，然后终于睡着了。压力与不安一直纠缠着我，我又因为宿醉而头痛反胃，全身起了荨麻疹，光线照在我的皮肤上，看上去实在恶心，于是我拉下小房间的卷帘，彻底阻隔光线。

我躺着看了一会儿书，然后打电话给精神科医师。医生建议我立即住院，我泪流满面，和男友一起哭了很久。到底为什么情况会变得如此糟糕？实在令我难以接受。我挂上电话以后躺在床上好一会儿，然后起身去洗了个澡，便前往医院。

我　　您好（已经在哭泣）。

医生　　今天没有去上班吗？

我　　对，我想要一直不上班。

医生　　如果需要住院的话，公司可以马上批准你休病假吗？

我　我想要直接辞职。

医生　辞职的事可以等之后再决定也不迟，要是住院可以请病假的话，就先请病假吧。你现在这种情况，你自己应该也知道不太正常，等你恢复正常的时候发现自己这段时间做了一些冲动的决定，我担心你又会感到懊悔不已，要挽回也为时已晚，那又会变成另一种伤害。

我　我不想去上班……

医生　我理解，在这种状态下，一定会不想上班的。依我看你现在最好不要再去想公司的事，包括辞职这件事。

我　我想要辞职（无限重复）。

医生　我只是劝你过段时间再来做这个决定，就算到时候你依然决定辞职，也不会有任何人阻拦你，但是假如这个决定是在你身心状态不稳定时做的，那么就算你已经思考了很多次，也很难保证是正确的决定（因为不是处于正常的状态）。方便给我看看你手腕上的伤吗？

我　（给医生看）

医生　天哪，这是分好几次弄的吗？

我　对。

医生　用什么弄的？

我　刀子。

医生　当时有什么感觉？

我　出乎意料，我觉得也没什么大不了。

医生　看到血流出来时有什么感觉？

我　原来我还会流血。

医生　有觉得很爽之类的感觉吗？

我　有一点类似解脱……终于解脱的感觉。

医生　这件事是怎么开始的呢？

我　我也不知道是怎么开始的……

医生　当时是处于精神恍惚的状态吗？

我　对，当时应该是没有太多的情感或想法。

医生　确定这样做之前犹豫了多久呢？

我　的确犹豫了一段时间。

医生　从前一天开始犹豫的吗？

我　没有，就像我上次来治疗时对您说的，我一直都有这样的冲动念头。昨天因为我的状态太差，坐了一整天，还喝了很多酒，本来想要喝完乖乖去睡觉的，都已经在床上躺好了，结果还是按捺不住想继续喝酒的欲望，重新起身去喝了整罐马格利酒，然后躺在床上决定要睡觉，但是一直有一股很强烈的冲动，想要用刀子划自己的手腕，所以最后忍不住就去做了这件事。

医生 你还记得当时所有情形吗？

我 都记得，但是不记得自己当时在想什么，感觉也没特别想什么，就只是“嗯，我终于去做了”这种感觉。我不是对您说过我有自杀冲动吗？我一直告诉自己，万一真的走上绝路，一定要选择用跳楼的方式，所以我去了四楼的天台，不是真的去自杀，而是想要站在那里看看自己会不会清醒一点，也顺便感受一下危险刺激的感觉。我住的地方是独栋公寓，所以屋顶就在天台，于是我站上屋顶往下俯瞰，当时觉得非常可怕，而且感觉应该要在更高的地方跳下去才有办法成功死掉，明明很害怕，却又好像不怎么害怕，感觉只要下定决心，再多喝点酒，就真的能跳下去。

医生 那你都没有想到男友吗？

我 我不打算从现在住的那栋顶楼跳下去，因为这么做会对男友和邻居造成困扰。

医生 这是你当时闪过的念头吗？

我 不是，我一直都这么想，所以每次在寻找自杀地点时，都是以施工中断或废弃的建筑物为主。

医生　早上起床看见这些伤口有什么感觉?

我　嗯……感觉自己太没胆量、太弱了。

医生　都不会觉得痛吗?

我　这其实划得不深,所以不到很痛的程度。

医生　当你在划的时候想过要用这个方式自杀吗?

我　没有,试过之后反而觉得不能用这个方式自杀,这只是残害自己的手段,该怎么说呢……我对于自己终于执行了自残这件事有如释重负的感觉,但是割自己皮肉的感觉并不好。

医生　你刚才不是说,要是再多喝一点酒就可以做到。

我　对,要是再多喝一点应该可以。

医生　虽然划伤自己、跑去天台都是基于你的意志,但其实也有很多案例是最后因为不小心而导致遗憾的事发生。比方说,原本只是想要去看一看,结果不小心失足坠落,或者尝试其他方式,结果不小心弄假成真,旁边也没有人可以立即救援,所以当场身亡。

要是这样的话,你会有什么想法呢?

我　您的意思是,在我还没有准备好自杀的状态下不小心身亡吗?这个嘛…… 如果是尝试上吊的话,应该会为了挣脱而不停挣扎吧?

医生　对，通常都会挣扎，但也因为挣扎而使绳子勒得更紧。

我　（惊讶）是吗？如果是不小心失足坠落，就只是一瞬间的事，应该也没机会产生什么想法吧。

医生　总之，通过自残感受到满足是可以理解的，但是假如为了去体验那份满足感而发生失误，岂不是太遗憾吗？又不是寿命已尽或者心理早已做好准备，是不是也应该想想因为失误导致丧命或者半死不活，经历更大折磨的可能性？在我看来，你现在很像是因为现实生活中有太多不可控制的事情，所以才会想要去寻找一些可以控制的事情来做，例如自残或者辞职。

我　我想要为所欲为，甚至心想："至少要这样大闹一场，才会被人认为是真疯而不是装疯。"

医生　看起来像真疯又会对你有什么影响呢？正面的或者负面的影响。

我　因为公司和周围的人都看不见我的内心状态，都认为我是在无病呻吟……实际上我也觉得自己挺异于常人的。总之，我感觉这样做他们会更容易了解我，当我提出辞职时，也可以直接给他们看这些伤痕。

医生　给他们看这些伤痕有什么意义呢？

我　　他们至少会想："嗯，看来这人真的疯了。"然后相信我的说辞吧？

医生　为什么需要让他们相信呢？

我　　我希望他们可以相信。

医生　任何人都会有自己的辞职理由，比如找到其他工作、受不了主管等，有必要用如此特殊的方式"亲身"提供证明吗？仿佛是在告诉其他人："我无法把心掏出来给你们看我有多苦，但我可以用这样的方式展现给你们看。"真的有必要展现如此过度的真诚吗？

我　　不知道，我只是……我只是对自己感到很无语。我……（叹气）可能是我自己也认为自己无病呻吟吧。

医生　所以你为了让人相信你并非无病呻吟，刻意表现自己是有病呻吟，而做出自残行为？其实任何人感到痛苦都会直接表示自己很难受。

我　　难道我是缺乏关注，想要引人注意吗？真希望有人能知道我现在有多痛苦。

医生　其实最先要知道自己痛苦的人是自己。

我　　我就是很怀疑自己这一点，痛苦的时候会觉得"天啊，痛苦死了"，但是脑海中又会浮现另一种声音：

“你到底有什么好痛苦的……”

医生 我觉得你太在意周围的人对你的看法，不论是停薪留职还是直接辞职，只要你认为自己太痛苦，就义无反顾这么做好了，为什么一定要向其他人说明或展示自己的痛苦程度？我觉得这一定不只是为了展现给别人看，很可能也是为了展现给自己看。

我 （哽咽）我真的不知道……自己到底为什么会这样。

医生 曾经有一名男子也是和你一样，划伤自己的手腕。他是一个军人，起初划的伤痕不多，后来他觉得其他人都认为他在作秀，于是为了证明自己不是在作秀，他将整只手臂全部划伤，然后来医院找我。

当他这么做以后，别人的认知真的因此而改变了吗？就算看到他后来更严重的自残，大家对他的印象就会改变吗？从此以后他就会受到不一样的对待吗？当大家了解到“原来世熙承受着这么大的痛苦，真是辛苦了”的时候，接下来呢？会有什么不一样吗？

我 至少想法应该会不一样吧？

医生 但是在此之前，他们很可能就已经多少知道你的状态了，不是吗？我想要强调的是，你完全不需要在身上划下这些伤痕，也能够按照自己的意愿想辞职就辞职。

我建议你多练习痛苦时就直接说自己有多痛苦，根本不需要一直隐忍到最后，再来用自残的方式告诉大家：“我其实已经忍很久了，都已经痛苦到自残的地步……”

我 但就算对公司说我内心很痛苦，也不会有任何改变。

医生 痛苦只是我打的比方，如果到了足以决定去留的程度，我想在那之前你一定也已经思考过很多，但是每当你有那些烦恼时，你总是选择独自承受，也就是在说出“我不喜欢这样”之前，你都只是不断地默默忍受。

我 可是不忍受又能怎样呢？我只能忍受啊。

医生 就是因为你这样画地自限……

我 （爆炸）不是啊，我的工作就是做书，那就是我的工作，我要怎么去跟人家说我做不到呢？该做书的人说自己无法做书，那到底是要干吗？

医生 我指的不是做书这件事本身，而是在这当中一定存在一些细微问题，感觉你都只是默默忍受那些小问题，然后一直不断地累积负面情绪。

我 所以我不知道该怎么办，只想要辞职不干了。

医生 刚刚我在电话中也对你说过，在我看来目前的确是危机，但是摆脱危机的方法如果是自残，我并不认为会对克服危机有多大帮助，可能向公司递辞职信会使你爽快一时，但是这跟迫不得已辞职有什么两样？

我 这真的不是什么迫不得已，我是真心想要这么做……

医生 好吧，就算是真心想辞职，我也希望你等恢复正常后再做这个决定，在那之前不如先来想想办法如何摆脱现在的压力。

我 在医院里吗？

医生 我建议你住院，现在的你需要住院，因为你在日常生活里受到的压力或影响实在太大，应该很难用其他方式思考或者转换观点。

当然，就算住院也不会让你突然变幸福，世界变明朗，绝对不会，但至少可以让自己休息一下，我知道你本来也想要休息，所以安排了一趟旅行，但压力还是依旧在，不是吗？这说明光靠旅行是不够的。

辞职的事情等你住院后再来思考也可以的，就好比当我们面临狂风暴雨时，一开始可能只须撑伞、穿雨衣就足够了，但是随着风雨加剧，再也承受不了那样的威力时，就必须赶快躲进某个地方避雨才行。

我 （已无话可说）您开的药会使我起荨麻疹吗？

医生 我叫你别吃的那颗药，挑出来了吗？

我 只有昨天挑出来没吃。我腿上现在起了荨麻疹。

医生 一定要拿掉那颗药才行，当时我也告知过你，现在你在酗酒，一直往残害自己的方向发展，那是因为你有选择权。

我这样说可能会令你感到不悦，现在我要收回那份选择权，我建议你住院，这样对你有好处，至少住院期间是不允许喝酒的，希望你可以因此而产生“好想赶快从这里出去”的欲望。

假如喝醉酒以后烦恼就会消失不见，或者换一片天地，那么你大可以继续喝醉，但现实是就算喝得烂醉，第二天醒来也不会有任何改变。

要是再也忍受不了这样的压力，就应该鼓起勇气说：“我好累，我需要在这里休息一下，等充满电以后再重新上路。”而不是不惜划伤自己的身体咬牙苦撑。

我建议你不妨先去看看病房设施再做决定，如果觉得不行，也可以转去大学附属医院，我认为你这几天最好住院，然后什么事情都别做，发呆就好，给自己一段属于自己的时间。

我 那可以看书吗？

医生 可以带书进去。

我 只要打电话过去询问能否住院就行吗？

医生 住院与否是由那边的医生决定，你必须先接受诊断，也需要先确认一下有没有病房。

我 那我打电话问问看吧，也提前预约好门诊。

医生 嗯，随时去都可以，现在去应该也可以。

我 好的，我了解了。

医生 我会开一张诊断书给你，你可以拿去给他们看，让他们事先知道太多也不好，你直接去当面跟他们说比较好，要是他们认为需要额外的意见，再打电话给我。

我 好的。

希望是我，却又希望不是我的矛盾心理

我拿着医生给我开的药和诊断书，直接去医院挂了号。轮到我的时候，我走进诊室，一名女医师坐在里面，用单调的口吻问我各式各样的问题——“当时是喝酒了吗？”“是第一次自残吗？”“当时有什么感觉？”“现在的心情如何？”等等。问完以后医生请我到外面稍等一下，又请家属进去，于是男友走进了诊室。

过了好长一段时间，男友终于出来，对我说：“我们还是回家吧。”我问他原因，他告诉我这里不是能让我舒服休养的地方，而是要被彻底隔离，每天还要按时间表做操，里面有很多人症状比我还要严重，反而容易对我这种患者造成心理压力。医生认为我目前最需要的是戒酒和辞职，尤其戒酒最重要。

回到家以后，我把剩余的啤酒统统倒掉了，没有一丝想要喝酒的念头。男友一直陪在我身边安慰我，诉说着那些不会到来（可能永远都不会到来）的灿烂未来，就像一段有起承转合、结构完整的故事，直到我入眠。

我请了一个长假，整个人像得了昏睡病一样不分昼夜地

睡觉，自残以后感觉时间流逝得更缓慢。最终，我希望这是自己，却又不希望是自己。真不知道这种错综复杂的矛盾感到底要带我去向何方。

第 17 周

不论死活，
都令我感到害怕

我发着呆，静静坐在家里，透着阳光的方形窗户外，传来孩子们的嬉闹声和春风徐徐吹过的声音，可以明显感受到那是一段属于白天的时光，久违又陌生。

我思考了一会儿关于自残的事情，起初是觉得自己好像在踏上自杀的进程，所以感到非常害怕（虽然听起来很矛盾，但我也有着跟想死同样程度的求生的念头），后来我又想到，难道现在是为了活下去而做出的垂死挣扎？我真的很想死，低迷的情绪逐渐扩大蔓延，在我体内积少成多，若要排解这份情绪，就只能在身上制造伤痕，因为光靠哭泣或买醉早已无济于事，所以自残完以后才会有一种莫名的爽快感，期待着第二天心情会好一些。我知道，通过自残来抑制自杀冲动并不是什么健康的方式，但一时之间也很难找到其他替代方案。

医生　　后来没有住院吗？还是没去医院？

我　去了，但是他们说那是一栋封闭式病房……进去以后就不容易出来了，而且可能压力会变得更大，所以我就回来了。

医生　也都没实际看过病房吗？

我　对。

医生　我记得你是做好心理准备要入住封闭式病房才去医院的，但是听完医生那些话以后就马上打退堂鼓了吗？

我　我其实只想睡觉，因为心力交瘁，想好好休息，但是听说住进去以后要从早到晚按时间表做操，所以就……加上那天精神状态也不是很好，后来就直接回家睡了整整三天。

医生　睡完觉醒来做了什么事吗？

我　没有，一直待在家里，除了遛狗以外，其余时间都没有出门。

医生　遛狗时感到快乐吗？

我　有一点，但也觉得只是一时。

医生　吃饭怎么样呢？

我　都按时吃了。

医生　在家里都想些什么事情呢？

我　嗯……好像就时好时坏的，自残完转天会比较好一些，感觉排解掉一些情绪，再过一天心情又不是很好了，完全没有动力，就在白天划的伤口上又多划了几刀，我觉得自己都快要疯掉了，心想“不能再继续这样下去了”。我明知道自己应该去做点事情病况才会好转，但是怎么说呢？我就是没力气，好像什么事情都做不了，一直陷在很想做点事却又懒得做事的情绪当中，直到昨天下午精神才好一些。昨天心情不错，但是今天又很差。

医生 你是在早上醒来睁开眼睛时感受到今天心情好与坏吗？还是去做了某些事情以后才有这种感觉？

我 只要早上一睁开眼睛，我就能明显感受到当天的身心状态是好是坏。

医生 那么每天早上睁开眼睛看见外面的天气状态时，假如天气晴朗，会有什么感觉？

我 非常讨厌，非常，因为我现在有严重的异位性皮肤炎，全身都起荨麻疹，我们家的窗帘完全不遮光，所以阳光会直射进来，这样我的皮肤就会被照得更加清楚，光看着就觉得恶心。

后来我干脆躲去小房间，拉下卷帘，让阳光照不进来，还换上长袖、长裤，让自己看不见皮肤状态。

医生 天亮之后，你就会自动条件反射地观察皮肤吗？

我　对，然后心想："真是恶心！"

医生　最近皮肤状态越来越糟吗？

我　我把酒戒掉了，因为医生说酒是最大问题，包括自残也是因为喝了酒才会去做，所以我不敢再碰酒，已经一个星期滴酒不沾了，但这次是在大白天，神志清醒的时候，又再度划伤手腕……

医生　你当时是什么感觉呢？和第一次自残的时候感觉类似吗？

我　不知道，做过一次之后就觉得好像也没什么，再加上我没有划得很深，所以马上就结痂、淡化了，我很讨厌看见伤痕变浅变淡，所以才会反复在同一个地方划出伤痕。另外，我还想过到时候在公司提出辞职时，因为内心状态不能展示给别人看，所以直接给主管看这些伤会不会能更快得到批准呢？

医生　那你想过向公司提出辞职时，会得到什么样的反馈吗？给对方看这些伤会更快得到批准，你指的是怎样的快法呢？

我　每个公司不是都有辞职流程吗？通常提出辞职后要等一个月左右才能正式离开公司，也需要一段交接期，所以要是直接给他们看我手腕上的伤，可能他们就更容易相信我有辞职的紧迫性，就会允许我马上离开。我们公司的辞职流程更麻烦一点，要签字的文件也很多。

医生 原来如此。那你一天当中有没有心情比较好的时候呢？

我 早上刚睁开眼睛醒来的时候，会有一种很特别的感觉，有时会夹杂着无力感，有时则感到神清气爽，通常醒来后的第一感觉会决定我一天的状态，而且是一整天，都不会再改变。

医生 所以心情好的状态也会持续一整天吗？

我 其实心情好也不代表我想活着。

医生 你会根据当天的异位性皮肤炎的状态而改变心情吗？

我 也会，虽然慢慢有好转，但是腿部这里还是很严重，让我心情更糟。

医生 手腕上的伤好一点了吗？

我 好点了，逐渐在好转。

医生 除了遛狗以外，在家里还做其他事吗？

我 我本来不看电视的，但是最近很喜欢看《PRODUCE 101》（《创造 101》）这个节目，里面有一个名叫姜丹尼尔的男孩，实在很可爱。一开始我是刻意去迷恋他，想着要是有一件事可以让自己着迷，会不会就有动力活下去，但后来发现我是真心喜欢他，所以疯狂地找了许多他的视频来看，包括综艺节目，但没看到特别有趣的，感觉自己特别无聊。不过看综艺节目时心情很好，因为还蛮好笑的，能感受到观看的乐趣，投入其中，心情自然好很多。

医生 那你的男友应该看到你手腕上的伤了吧？他看到的时候有什么反应呢？

我 很痛苦，他也哭了，流了很多眼泪。他很自责，恨自己没能及时阻止我这么做，而我对他感到很抱歉。

医生 最近除了和男友相处外，还和其他人有来往吗？

我 完全没有。哦对！医生，有个朋友发了信息给我，但因为我的状态很糟，所以看见信息通知都不读不回，结果没想到对方竟然发了疯似的不停发信息给我，说她心情不好，有多么痛苦……明明手机上显示我没读她的信息，她还是照样继续给我发。我很讨厌这种行为，但她现在明显是在依赖我，要是我一直对她不理不睬，她一定会很受伤，所以我又不忍心这么做。

医生 比起为他人着想，我建议你还是把关注点放在自己身上。不妨试着告诉对方：“我现在的状态很糟，抱歉很难再承受你的烦恼或痛苦，等以后我状态好一点再回复你。”这样是不是就能把这件事处理掉呢？

我 嗯，的确。我觉得自己真的想太多，虽然非常想死，但还是会想起医生您，“要是我真的死了，您会多么自责呀！”会有类似这样的想法。不过医生，我是说真的，这不是在夸张，我是真心不想活了，该怎么办才好呢？要是被别人听见一定会说：“那就去死啊，干吗把自己搞得这么累！”对吧？

医生 我不会认为你很夸张，而且不只今天，你上星期也说你真心不想活了。

我 （眼泪直流）唉，我也不知道到底……吃药前的那段人生早已成为过去，我可能已经忘掉那段记忆，我觉得自己的状态越来越糟，老是自责，钻牛角尖，然后认为自己生病了，把自己想得更糟。想着想着，就更想要自残。我本来因为胆小而从来不敢尝试自残，不过凡事都是亲身经历过之后就会发现“也没什么大不了”，当我发现自残其实不过如此的时候，真的也就不怕了。

医生 我就是知道你现在很痛苦，想寻死，所以才建议你住院。我不确定医院那边的说明是否反而使你有所误会。

我 他们说有很多人和我一样，但是像我这种人住进去之后，通常不到一天就会想要出来，他们不断强调这一点，所以我才会心想：“要不然干脆待在家里休息算了。”

医生 但是现在你在家里也不能做到真正的休息，不是吗？想想以前，开始吃药以前，不是也有比现在吃药后更想活着的时候吗？大概是一个月前。

我 是啊，这种抑郁或无力感是否会降低对生活的兴趣、好奇、关心之类的呢？

医生 是，会完全不感兴趣。

我 这样说有点奇怪，我一直有一种好像已经看破红尘、历尽沧桑的感觉，仿佛成了一个老奶奶，对任何事情都不感兴趣。对姜丹尼尔也是，一开始真的很着迷，疯狂找他的视频来看，但是今天又突然热情全消了。我很难专注，觉得人生好无聊。我仿佛陷入一种困境，既感到一切都枯燥乏味，又很想多找些事情做。

我这次整整一周都待在家里休息，最不缺的就是时间，所以前三天不停地睡觉，消除疲劳，还一口气看了四个小时综艺节目，但还是觉得剩好多时间，所以我想要用这些时间来做点事——不是强迫自己，是因为真的太无聊，想要消除这种无聊感。但真正要去做的时候，又觉得很无力。无聊又无力，这样的感觉反复不停，简直快要疯掉。我还会在下午去公园里躺着，因为感觉在家里快要窒息了。我每天都能感受到自己的身心状态，总是想着："不管多么无力，是不是也应该做点事情？"但是当我真的感到无力时，又难以控制自己。像昨天的状态就不错，所以做了很多有趣的事，傍晚看了夕阳，和小狗一起奔跑，还闻了花香，昨天我短暂地感受到似乎还活得下去，但是才过一天就又重回无力状态，宛如非黑即白一样，又回到对任何事情都不感兴趣的状态。

大家都说要从日常生活中寻找小确幸，谁不知道这个道理呢？可惜我连小确幸都找不到……我觉得自己好像坏掉的机器，要继续用这样的状态活着，是一件非常非常恐怖的事情。

医生 我同意你的想法，的确要继续用这样的状态活着是一件很恐怖的事情，但是你会继续维持在这样的状态吗？虽然你认为自己已经没办法好转，一天好，一天坏，反复无常，但假如结果不是这样呢？

回首过去一整年，究竟是现在这种负面情感比较多，还是正面情感比较多，要不要试着回想一下？现在的你一直认为自己的状态停滞不前，我无法保证你的状态一定会好转，但是我想告诉你，只要进过急诊室就会知道，许多人曾经和你一样划伤手腕，试图轻生，最终却没能自杀成功。那些人出院以后都有了一些不同的顿悟，大部分都会悔不当初，会反思自己“当时怎么没想到还有其他可能”。当然，他们一定是因为情况有所好转所以才能出院。

我 的确如此，我也会在每次自残完的转天心情好一些，会自我反省：“我干吗要割伤自己？真是疯了，要健健康康地活着才行，要把酒戒掉，好好吃饭，好好运动，变得健康起来！”可是再过一天又再次陷入无力，伸出手腕来自残。

医生 你现在是因为能感受到自己每一天的变化，所以才会用更负面的眼光看待自己。回首过往，其实一个月前的你状态还不错，那么在这一个月里，究竟发生了什么事？很有可能是那些事情对你造成了影响。

我 我想想，有出书、异位性皮肤炎、变胖这些事情。

医生 我指的并不是出书的事，而是在出书过程中，你把自己可以做的部分都做了，有些事情却使你感到无奈或失望，很可能是那些事情对你造成了极大影响。

我 即使我当时没有这种感觉，也很可能会变成无形中的压力吗？

医生 当然喽！

我 那家医院的医生也劝我辞职。

医生 你现在对公司的印象也很负面。

我 医生，坦白说我现在只要一想到公司就想吐，我看我真的应该马上辞职。

医生 就像我之前说的，你可以辞职，但是在你状态不佳的时候做决定，万一日后又后悔怎么办？

我 要是可以停薪留职，我也愿意，先休息一个月。不过可能到时候脑海中又会浮现这样的想法：“假如给我一个月的时间休养，那么我对公司又会产生某种程度的亏欠感，回到工作岗位以后一定又要毫无怨言地更加努力地工作，但要是我的状态又变得糟糕的话该怎么办？”而且（虽然我讲过一百次了）我还是认为自己太没用……

医生 因为你一直在用别人的眼光看自己啊。

我　是，没错，我就是因为认为自己太没用、太弱，所以才会认为别人一定也都是这样看我。

医生　你上次不是还打电话给我，问我："难道是我想得太多吗？还是我太容易无病呻吟？"可见你的情况多么严重。这些日子还要深受异位性皮肤炎的困扰，在工作上也不如意，其实你本来是准备了一套详细的整体策划案去参加会议的，但是当你的那套策划案没通过，你感受到挫折时，就刺激了你内心深处的恐惧，发现原来只会做事还不够，还要懂得察言观色。

我　对，没错，我经常这样。我现在已经从营销岗位转到编辑岗位四五个月了，我还是觉得自己好差劲，想不出什么好的策划点子，也没有自信，我被这样的想法支配着，无论如何也不想继续做下去了。我还会不断地拿自己和别人做比较，不论是比我文笔好的人，还是比我受欢迎的人，不分性别，我都会和他们做比较。最好笑的是，当我看姜丹尼尔的节目时也会对他产生羡慕，心想："哇，他年纪这么小又这么帅，感觉活得也很开心，光鲜亮丽，好羡慕啊！"

医生　其实你说的这些与其说是比较，不如说是为了凸显自卑而使用的手段。

我 是吗？我觉得我的确自卑感很严重。

医生 一定是这样，要是爱自己，怎么会感到抑郁或者想要寻短见呢？包括工作也是，有抑郁症的人会什么事情都不想做，失去做事的动力，头脑也会变得不灵光，专注力和记忆力都会下降，如果进行智商测试也会发现智商下降。

我 是吗？难怪我最近觉得很难长时间专注阅读，感觉页面上的文字都凭空蒸发，一片空白，所以这段时间也没有看书。

医生 我希望你可以把那些基于义务而进行的事情先全部放下，我只想劝你一句，当你抑郁时，假如你知道自己喜欢做哪些事，那么就算是装模作样也要先去做喜欢的事，心情好的时候当然是做任何事都可以。

我 我这次彻底感受到自己真的非常不了解自己（一直重复，就好像鬼打墙）。也不知道是不是因为智商太低，我根本不清楚自己喜欢什么，擅长什么，也许根本就没有喜欢或者擅长的事情。我只喜欢狗，除了狗以外没别的了，我一直抱着我的小狗们。

医生 你现在正好是痛苦难耐的时候，要找出自己喜欢及擅长的事情自然更不容易，甚至很可能会因为当初喜欢的事情现在都做不了而加倍痛苦，就像强迫症一样。比方说，当我苦不堪言时，见到比我更苦的人，就可以借由安慰他人来说服自己，“情况也许并没有那么糟”，但你不是这样，你会看着对方心想：“我没有资格难过，他的处境比我更值得难过，我已经算很幸福了……”这可以说是对自己的一种惩罚。

我 对，我就是一直在这样不停质问自己：“你到底有什么好抑郁的？”正因为找不到理由所以更痛苦。

医生 心情好的时候食欲会好一些吗？

我 我的食欲一直都很好，只要吃进第一口，就会马上有食欲。这个药不是金冠柏（植物）吗？我觉得我好像该回家了。

医生 我会再帮你调整药物，因为我看你每天心情起伏很大，感觉已经是周期性的循环，超出了抑郁症的范围，所以会帮你加药，但是一次加太重也不好，所以会循序渐进地帮你加药。

还有，“看看天空吧”“看看阳光吧”都是很好的句子，可以尝试多说一说，如果说不出口，也不要太苛责自己。

建议你每天出去一次，散散步，也可以利用自己舒适方便的时间进行。去买一幅能够遮光的窗帘回来装上也不错，希望你可以尽量去做一些能够让身体好转的尝试。

我 好的，谢谢医生，下周见。

习惯性的无力

最终我还是辞职了，原以为只要休息一阵子就会好转，所以请了一个长假，但我发现于事无补，没有带来任何改变，于是有一天我就临时起意，去了一趟公司，向主管递了辞职信。

我迅速交接了工作，和其他同事道别，没想到有几位同事竟然因为舍不得我离开而流泪，当时实在受宠若惊。我原以为大家一定会觉得我是无病呻吟、矫情、制造麻烦的人，看来大家并没有这么想。我心中想象的他人，真实的一面究竟是什么样的？

总之，自从不用去公司上班以后，我多出了许多时间，不知道该做什么，有点不太适应。

今天早上醒来睁开眼睛时，发现整个房间被阳光曝晒，要是在早上七点左右醒来就不会亮得如此刺眼了，才八点半，阳光就开始直射进来，看着我那满布伤痕和荨麻疹的皮肤，就更加心烦。

我开始浏览 Instagram（照片墙），我嫉妒的那些人总是和各种各样的人见面，去我没去过的地方，听我没听过的音乐。我感觉自己好像被淘汰了，他们显得那么特别，而我却一无是处，我又被这样的感觉笼罩。他们上传的文章都有模有样，表达方式也很新颖，而我呢？我讨厌平淡无奇的自己。

后来我带小狗们出门去散步，吸收了满满的芬多精[①]，然后回家洗澡，转念心想："还好脸部肌肤都完好如初。"

我决定不再硬着头皮去做自己做不到的事情。无力感是最恐怖的，为了战胜某件事，就一定要去做某件事，无力感却会直接将这份意志压倒消灭，就好像把生长得好好的植物硬生生连根拔起，植物本来已经枯萎到难以起死回生的状态，但是从表面看却一切正常，我现在就是处于这样的状态，当然，我相信这只是一时。

我抱着小狗，迎着春风向前走，听着孩子们嬉闹追逐的声音，樱花谢了，连翘也逐渐凋零。我想躺在阳光下，哪怕只有短短几分钟，也要用全身心去感受这个季节，因为即将由春转夏，我想要让自己变健康。

---

① 芬多精是指植物排放的抗菌挥发性有机化合物，能净化空气，降低污染，使人呼吸顺畅，精神旺盛，达到让人清醒的效果。——编者注

第 18 周

有人衷心期盼我幸福

出车祸了。这是我第一次开车上路，行程是从弘大开云光化门，再绕回到一山，结果在最后都已经回到一山这里时出了车祸。我当时正准备右转并入直行车道，没看左方来车就直接开了进去，这时耳边传来了长长的喇叭声，我的车和直行车道上的来车面对面相撞，“砰！”一声发出了巨大声响，车体也剧烈摇晃，最后我的车被挤到人行道上的路灯前才终于停下。

车一停下来，我心中立刻浮起“完蛋了”的念头，路人纷纷来到我的车旁，试图要将驾驶座和副驾驶座的车门打开，确认我的状态是否良好。大家都说看到一辆货车和轿车相撞，把他们吓个半死，而我还没搞清楚到底发生了什么事。经历了一番波折之后，我才慢慢回过神来，打电话给保险公司。路人帮我叫了救护车，警察也抵达现场。还好大难不死，我毫发无伤，但是车体已经严重损毁，只能报废处理。

我看着手腕上的伤和挤压成一团废铁的车，心想："看来人的命都是天注定。"只要我没有选择鼓起勇气走上绝路，应该很难消失在这世界上。世上还有那么多人在为了让自己能多活一天而努力奋战，我却烦恼着这些无足挂齿的问题，真是没用，这些烦恼多么奢侈，我厌恶这样的自己。

医生 这些日子过得好吗？

我 我出了车祸……最后把车子拿去报废了。当时是和货车相撞的，还好大难不死，我也没受什么伤。

医生 真是万幸啊。不过你怎么能说得如此淡定？

我 是啊……总之，就是这样，算是不幸中的万幸。其实一直到昨天我的状态都不是很好，也没去医院，所以有两天的药没吃，恢复吃药以后，头痛和抑郁就顿时消失了。按时吃药时我都没感觉到自己的状态比较好（因为会习惯），但是两三天没吃药就明显感觉到状态变差，所以要是提早几天来看诊，可能就很难和您正常对话了。

医生 最近还会想要文身吗？

我 最近还好，不太会，只是有比较强烈的自残冲动，应该是受昨天的车祸影响。我昨天开车去了很多地方，去了弘大书店，也去了光化门教保文库，以新手上路的水平来说，算是完成了一段充满挑战的路程，最后还平安回到一山这里，领了心理医生开的药，准备回家，没想到就在最后这段回家路上发生了车祸。

其实在首尔开车时，我想象过直接开车去冲撞山壁或山脚等画面，开车过程中也一直在流泪，不过若要我真的踩油门去冲撞，还需要很大的勇气，所以我暗自希望要是有人能从后方直接撞我该有多好，结果就真的出事了。

我当时正准备要并入直行车道，要是再提早个零点五秒切进去，驾驶座应该就会被撞得面目全非，所幸只有驾驶座没事，我也就安然无恙。那是我男友的车子，我第一次出车祸，所以完全不清楚事情的严重性。路人看见我的车被一辆货车撞上，挤到人行道的路灯前才停下，还以为我已经死在车里，纷纷跑过来打开车门，确认我的伤势如何。我当时还没回过神来，只能坐在位子上一动也不动。路人帮我拨打了 119 和 112 到消防局和警察局申请救援，货车司机还以为我死了，都不敢过来确认。但是您看我现在，什么事都没有，当然，可能还要再多观察几天。

我不是总说我很容易觉得日子很无聊吗？也不太能体会活在当下的珍贵。最近我觉得无聊感加重了，在家待着也无聊，结果昨天发生了车祸，我竟然奇迹般的活了下来，运气这么好，让我不禁产生“看来我命不该绝，难道还有什么事没完成？”的念头，该怎么说呢？通过这件事我变得会感恩了。我不是在养狗吗？其中有一只是老狗，它现在住在位于一山的老家，我本来是要去载它到位于坡州市的住处，幸好还没载到，要是载着它发生车祸，后果一定不堪设想，于是我生出了感恩的心。回到家以后看着两只狗前来迎接我，我心中感叹：“真的很感谢老天保佑，我还活着，不然就再也看不到我心爱的狗狗们了。”

我就是这样转换了心境。

医生 这么说之前你都没有这样想过喽？

我 嗯，以前我只沉浸在自己的黑暗里，把那些珍贵的、值得感恩的事视为理所当然，放置于角落。我一直认为现在的生活很无聊，也不断在回想过去已经发生的事情，没有好好享受当下。之前交往的男友也是因为在一起太久，失去了新鲜感，和他分手之后我们偶尔还是会联络，但后来发现他交了新女友，让我心里有点不是滋味，整理邮箱时看到他过去写给我的信，觉得恍如隔世。

医生 想过要和他再见面吗？

我 这倒没有，只是在那一瞬间觉得有点心酸。犹记得他对我说的最后一句话是："我希望你可以好好享受现在，当然这并不表示过去就不珍贵，我也不清楚你现在的男友是怎样的人，但要记得尽全力活在当下，随着时间流逝，或许你也会有和我一样的心境，我希望你幸福。"

当时我真的哭得很伤心，边哭边答应他说："我知道了，我会活在当下的。"结果没想到我竟然出了车祸。男友还特地赶来确认我的伤势，我看着他因为我没事而真心替我开心的模样，内心十分感动，也让我重新认识到原来我是那么脆弱，那么矫情，我发誓要对男友好。

对了，车子申请报废以后，我决定拿自己的退职金来买一辆新车。

医生 要对男友好？ 嗯，你目前看起来是没受任何伤，但记得一定要去医院做个全面检查。

我 嗯，我会的。

医生 死亡总是与你形影不离，你也一直想要一了百了，老天却让你经历了游走在生死一瞬间的事件，事故发生后难道都没有庆幸自己没死吗？

我 的确是没有这种感觉。其实在发生车祸的当下，我完全没有“幸好还活着，没受伤”的想法，下了车以后我回头看汽车的惨状，才发现已经被撞得面目全非，只能送去报废，所以我根本没有去想“原来我差点就要死掉”，我想的是：“惨了，这可是男友的车啊，怎么办？我死定了，该怎么办才好？”总之我没有把我的命看得那么重要，甚至还想过怎么不让我干脆死在里面算了。

医生 你会担心车子其实就是想活下去的最好证明啊。

我 原来如此。坦白讲我并没有因为自己活下来而感到庆幸，昨天的我就只是走过鬼门关又重生的感觉。那起交通事故对我来说有点像是一个人生转折点吧，我也不知道这样的感觉能维持多久。

医生 不过这也是一次重要的经历，所以需要仔细思考，反正你一直是会想很多的人，就如同你说的，发生事故前你脑海里所想的事情（好想要发生车祸，要是能有人来撞我就好了）真的成为现实时，这件事情不会就此落幕，它还会继续衍生出其他事情。比方说，现在你可能觉得身上没有任何疼痛的地方，但是等过一阵子之后会开始感到酸痛。

我 对，我听说要是腰部受伤会很辛苦……

医生 对了，你的药上星期不是做了调整吗？我帮你加重一些，另外再开些头痛药给你。

我 好的，吃完以后头就不痛了。

医生 需要时记得吃点头痛药，其他药是原本用来控制躁郁症的，因为你可能天生性格就比较情绪化，就如同每个人多少都会有一些与生俱来的缺陷一样，你在控制情感这方面比一般人弱，所以我帮你加大了一点情绪调节剂的用量。

我 哦，难怪我昨天都没有太大的心情起伏，整体来说蛮舒服的，是久违的舒适感，很幸福，很开心。

医生 也有可能是那场车祸带来的影响。

我 对，也有一种终于解脱的感觉。

医生 我们一旦到达稳定得有些无聊的境界，就会开始想东想西，就如同你刚才说的，会想起旧情人，也会拿过去与现在做比较，但要是身体哪里受伤了，所有神经都会专注在受伤的部位，甚至会因为内心充满歉意与饱受惊吓，而没有心思去想任何其他事情。

我 也是，车祸后我连头痛的症状都没有，仿佛全身上下的感觉系统突然失灵。

医生 车祸后你是不是觉得之前的烦恼与不便都只是小事一桩？

我 对，假如我受伤很严重的话可能会有那样的感受。

医生 是啊，也许会留下残疾，毕竟很多人是运气不好的，那就会经历更大的痛苦，也很可能会因为身上的“伤”而更想离开人世。

我 对，没错，以前的烦恼都不值一提了……我能大难不死，还有周围路人热心地伸出援手，都令我万分感激。

医生 你不要只想着感激，还是要多照顾自己的身体。

我 看来是要更珍惜我的身体了。

医生 你不是说你本来就对痛苦比较钝感吗？越是这样就越要敏感地去观察，多留意自己的身体反应才行，尤其现在，毕竟刚刚经历过一场车祸。

我 我会多注意的。之前我心理状态不怎么好的时候不是迷过姜丹尼尔吗？其实我是产生了类似恋爱的感觉，很想要和他交往（我又想太多了）。我对于自己有这样的感受感到很羞耻，想要隐藏这份情感。后来我读了一本名叫《幻想痛》的小说，讲述的是粉丝热爱偶像的故事，很不错的一本书，阅读这本书的时候，我发现自己对于同性恋、异性恋、双性恋、多边恋等，都是持开放态度的，我认为这是感情的各种形态，要尊重这些感情。那我为什么对粉丝暗恋偶像的感情感到羞耻，怎么会这样？就算对偶像产生类似恋爱的情愫又怎样？只要我没有靠近他，对他造成伤害，又有什么关系？

我很喜欢姜丹尼尔，也因为他而失落过。我每天都在看他的视频，听他的音乐，买他代言的产品，可是他连世界上有我这个人的存在都浑然不知，每次只要一想到这点，我就会很难过，感觉比暗恋现实生活中的异性还要痛苦，至少现实中的暗恋对象还会知道有我这号人物，不，应该说至少有可能会知道我，但是暗恋偶像，感觉真的是在爱一个遥不可及的对象，没有任何交往的可能性，想到这些我又陷入短暂的抑郁。

医生 的确如你所言，世界上存在着各种感情形态，有些能被人接受，有些不能。宗教也是这样，有些人信仰宗教到了疯狂的程度，在其他人看来可能会觉得这人很有问题，其实他们只是想以虔诚的心去接触宗教，觉得这样就能离自己的信仰越来越近。

你不必为这件事而自责，只要妥善利用这份感情，很可能会带来其他好的结果。比如因为喜欢这位明星而拓展了人脉，这样一看是不是也挺有意义呢？

我 对，没错。

医生 总之，祝你今晚有个好梦，我们下周见。

我 谢谢医生，周末愉快！

重新看待那些理所当然之事

世事难料，没有人能预测未来，就连下一秒后的事情都很难说，真的是既可怕又神奇。发生车祸之后，我没想过自己会死，也没有将其视为一场重大的交通事故，更何况那还不是我的车，我甚至产生过“怎么不让我死在里面”的愚蠢想法。

意想不到的是，和一辆货车相撞，车体也严重扭曲变形，只能拿去报废，而我竟然奇迹般的在这场严重的车祸中活了下来，还毫发无伤。

我突然对日常生活产生了久违的新鲜感，也产生了有别于以往的感受。那些过去认为理所当然的事情，重新清晰地映入了我的眼帘，不是因为我还活着，而是因为我没死掉。你可能会认为这句话有点矛盾，但我明显意识到，我还不到死的时候，也许我活着还有其他用处。

我对此深信不疑，我决心振作起来，好好活下去。

第19周

和我自己对话

星期天是我和男友的交往纪念日，我们相约去看舞台剧，还说好要去一家知名餐厅用餐，所以我希望那天能保持身心良好的状态，男友也非常渴望我如此，因为我一旦状态变糟就会持续一整天，很难恢复。

自从上次看过读者的负面评论之后，我就再也不敢看我的书评。不过今天，我也不知道自己到底是哪根筋不对，一早醒来突然上推特输入书名搜索，幸好看到很多不错的评论，一边想着："果然我的书和推特比较合！"一边滑动着鼠标。结果没想到，我竟然看到一篇到目前为止最糟糕的评论，内容大致如下：

这本书我真的是硬着头皮看下去的，这样的文字拜托写在你的 Hello Kitty 日记本里就好，这种书居然还要读者掏钱购买，已经不能只说是难看了，根本就是垃圾，出版这本书的人太黑心了！

医生　这几天过得如何？

我　这星期过得不错。

医生　怎么个不错法？

我　大体上都不错，只发生了一件不愉快的事（我把上述情形告诉了医生），可是我不想把那天搞砸，原本想对男友说："快来安慰我一下！"但我还是选择了先出门去遛狗，然后尝试了一种新方法——和我自己对话。

"世熙啊，你又不是上帝不是佛祖，你在读那些经典文学作品的时候，不是也会感到无聊吗？那又怎么能期待所有人都喜欢你的书呢？"

然后我就自己回答："没有啊，我知道当然不可能每个人都喜欢我的书。"

我又再度问自己："那留言当中好评比较多，还是这种差评比较多？"

我又回答："至少在我看来喜欢我的书的人比较多。"

"可是你最近为什么要一直忽略别人对你的称赞，然后放大那些批评呢？这样对喜欢你的读者不公平吧？还是你变得自大了？"

我回答："好像是这样啊。"

我又说："而且你想想看，那个人本来就不应该在推特上看见有人推荐就买书，要是他亲自去书店试读过，就知道到底是不是自己想买的书了，不是吗？可是他没去试读就购买，你不觉得这是他的问题吗？他没有资格这样乱批评。"

我回答："没错，真是个莫名其妙的人，我不想理会他了。"

经过这么一番自我对话，我的心情就顿时豁然开朗了。

医生 你是不是阅读过这种类型的书？

我 嗯？什么书？

医生 类似《心理剧》（*Psychodrama*）这种书。

我 我？没有啊。

医生 因为你说的这套方法很像心理剧[①]。

我 是吗？实际上真的有这种治疗方式吗？因为我不是在心里默默地想，而是真的自己进行角色扮演，然

---

① 心理剧（psychodrama）是由精神病理学家莫瑞努（Moreno）1921年提出的，心理剧能帮助参与者通过音乐、绘画、游戏等活动热身，进而在演出中体验或重新体验自己的思想、情绪、梦境及人际关系，伴随剧情的发展，在安全的氛围中，探索、释放、觉察和分享内在自我，是一种可以使患者的感情得以发泄从而达到治疗效果的戏剧。——编者注

后把这些对话统统说出来，这让我有一种像是实际在与人交谈的感觉，其实只是自己一个人在那里自言自语。

医生 通过这样的方式自问自答，有助于你看见一些因为情绪太过激动而未发现的事情，或者没有考虑到的部分。

我 对，感觉像是激动、理性、客观、情绪化的我，同时在一起对话，就像打乒乓球一样一来一往，心情自然而然好起来，而且不是假装没事，是真的没事。我和男友去看舞台剧时，我告诉他今天发生了这件事，以及我是用什么方法克服的，并告诉他我现在已经没事了，男友听完以后说我真的很了不起，他认为如果是他面对这样的事应该也很难释怀，他很开心我做到了，所以那天我们过了非常愉快的纪念日。

我发现最近有很多读者留言说读了我写的书，一开始收到这种留言都会让我很感动，如果真要回溯当初的写作动机，说我是被一句博客留言打动所以决定出书也不为过。但凡事都是三分钟热度，虽然我依旧心怀感激，却也不可否认，那些留言看久了也就习惯了，麻木了。我深刻反省了自己的心态，然后再重新去阅读那些留言，再一次好好感谢读者。

医生 等于是找回了初心，对吧？很好啊。

我 对，不过这是真实存在的治疗方法吗？

医生 这套方法经常被使用。通常是像演戏一样进行，最具代表性的方式是把大家聚集在一起坐下来，然后让其他人扮演成“我”，展开对话。不过听你刚才的叙述，感觉对话一开始就早有答案，因为你说在推特上看到别人对你的书留下好评时，你会觉得“果然我的书和推特比较合”！那么看到差评时，只要反过来想“这人不适合用推特”不就行了。而且那个人也很可能是故意发表恶评，以为这样批评就能彰显出自己的观点比较犀利（但这么想好像是为了刻意给对方的行为找理由）。

我 也是。除此之外没有其他特别的事情了。对了，有一件事想请问您，许多读者都会问我在哪一家医院接受治疗，他们对于我和您每次都能进行三四十分钟的对话（而且是在医院精神科，而不是心理咨询中心）这件事感到十分好奇，这到底是属于罕见还是常见的情形呢？

医生 当然不常见。

我 真的吗？那您为什么要和我聊这么长时间呢？

医生 首先是你第一次来找我的时候刚好那天我不忙，再加上如果是我认为需要多花一点时间聆听的患者，我就会这么做。还有，我这个人属于不好意思打断别人说话的类型。

我 的确，在我说话时您都不太会打断我。

医生 做到这点很难，要是当天患者比较多，我可能还是会不得不打断患者说话。

我 嗯，因为看诊时间是三十分钟，所以我也总是会担心超时，会不自觉地不停确认时间，生怕后面的患者在焦急等待。（很多时候都是因为医生仍在说话而导致超时）

医生 而且每一位患者的创伤、状态、类型都不尽相同，有些人就算花一小时来我这里，也有可能五分钟就看诊结束；有时候是患者自己坐立难安，想要快点离开。所以也要看患者愿意对我吐露多少信息。

我 那如果有些人可能原本没有勇气，但还是想找个人倾诉，所以拼命鼓起勇气前来找您，但是当这些人真正开始接受治疗时，您向他们提问，他们却又难以启齿，这时您会怎么做呢？

医生 如果当事人本身就对治疗持消极态度，我是很难提供帮助的。不论他身边的人怎么劝他要去看医生，他来到我面前却只说“我没事”，面对这样的情况，我就真的没办法。要是患者沉默不语，我也要等这段沉默结束才能开口提问，因为我们把沉默也视为一种对话。

当然，一切都取决于患者的病因。尤其在我们精神科，医生和患者之间要先有某种程度上的互信基础，有些事情患者才愿意和医生敞开来谈，有些事情也很可能始终无法启齿。

我 会不会有人只说一两句话就欲言又止，打退堂鼓呢？

医生 当然有啦！

我 那么也有些人是慢慢与您拉近距离，建立了互信基础之后才对您敞开心扉的吗？

医生 对，有这种类型的患者，也有来我这里只想接受药物治疗的患者，或者更积极主导谈话的患者等，各式各样的人都有，所以也很难明确地做归纳或分类。

我 那么在找您治疗之前，能否先打个电话来询问治疗时间会是十分钟还是三十分钟呢？

医生 即使提前打电话问我，站在医院的立场我还是很难提供精准答案。长时间的心理治疗，往往需要帮助患者回溯童年往事，这是很多人不愿意的，主要还是得看患者自己能否接受。

站在专业医师的立场，我很想尽早为患者提供治疗，想要直接告诉患者他的问题所在，但是如果对方尚未准备好接受这样的事实，就会承受极大的打击，患者心理上还没克服障碍，还处于痛苦不堪的状态的时候，如此贸然地告诉他，很可能只会雪上加霜。

我 您应该也会多留意这种情形吧？

医生 是，但我也不敢保证留意的时间点是否准确，总之，要是打电话来问治疗时间，只要问“初诊大概会进行多久”就好。（这不是一样的话吗……）

我 好的。

痛苦的大小是相对的

“沉默也是治疗的过程”，这句话令我印象深刻。在众多抑郁症患者当中，真正会去医院寻求医生协助的人有多少呢？

许多读者会发信息告诉我，他们认为自己太软弱、缺乏承受力，所以没去找医生进行心理治疗。

我看到这样的信息还挺难过的。过去的我也有同样的困扰，有一本书曾带给我安慰，就是维克多·弗兰克尔的《活出生命的意义》。

这本书记录了作者在奥斯维辛集中营里幸存下来的故事，刚开始阅读时我感到极度痛苦，我会想，作者在如此难以想象的人间炼狱中都活下来了，我究竟为何如此懦弱？但是就在我读到以下这段文字时，我的想法出现了改变：

> 痛苦就像是煤气。一个空房间里，如果注入一定量的煤气，那么不论房间多大，煤气都会均匀地弥漫。同样地，痛苦不论大小，都会完全充满人的心灵和意识。因此，人类痛苦的程度，都是相对的。

自那时起，我便告诉自己，不要再拿自己的痛苦与他人相比，我也因此鼓起勇气去医院接受治疗。

用社会和他人的标准来评价或压抑自身的痛苦，其实是非常危险的。我不想再忽略我内心的阴暗面，也不想与人比较，只想专注于自身。就像品味快乐一样，探究那些阴暗面，并且通过与自身的对话来抚慰自己。

第20周

内心的中间地带，变宽阔吧！

医生 最近好吗？

我 还不错，有两天很糟，但马上克服了。

医生 那两天为什么很糟呢？

我 因为我接受了一家报社的专访，那位记者说他要特地来坡州市采访我，所以我满怀感激地前去赴约。通过电话联络时，对方的声音听起来很年轻，没想到实际见面时，才发现是一位中年男子，让我有点错愕。因为迄今为止，采访我的都是读完我的书以后深有同感的女记者，每次采访的气氛都很好，话题也很正面，而且我的书有八成以上都是二十到三十岁的女性读者在阅读。

可能是我个人的主观偏见吧，我私心认为男性，尤其是中年男子应该很难对我的书产生共鸣，最后事实也证明了我的判断。

医生 怎么回事？

我 唉，不知道，也许是我不够见多识广吧，有些人乍见之下彬彬有礼，却难掩浑身散发出来的傲慢，这很难用言语说明。他会用过分客气的口吻说话，可对待我的行为举止又会一直隐约流露着鄙视感，我也是第一次遇到这种人，所以一开始我还很疑惑，“这个人究竟是真的谦和有礼吗？”

由于我一直都缺乏自信，也知道自己比较敏感，所以那天我特别叮咛自己不要想太多，放轻松好好回答。但是那天回到家以后，我把当天接受采访的全部过程都一五一十地讲给了朋友听，说着说着就重新说出了受访时的交谈内容，结果发现有些问题他好像问得比较过分，但我又想着应该是自己太敏感，所以让朋友说说她的看法。

我原以为朋友会回我：“这不就是很普通的访谈吗？”没想到朋友听完居然大动肝火地对我说，她认为那位记者对我根本就是不怀好意，假如换作是她接受访问，一定会中途叫停，直接离席，并对我表示钦佩，说我很成熟，竟然可以很有礼貌地回答完所有问题。其实在听到朋友这么说的那一瞬间，我简直要崩溃了，虽然在接受访问时我一直感觉不太对劲，但至少没有想过对方是个无礼的人，现在听朋友这么一说，我就彻底清醒了，“哦，原来我又成了傻子，居然没看出来，这人的确瞧不起我，我却像个蠢蛋一样毫无察觉，还在那里亲切地回答他的提问。”朋友当时尴尬极了，原本说那番话是为了要称赞我的，结果没想到却害我陷入自我厌恶的情绪当中，无比痛苦。朋友想要试图挽回，努力解释自己并非那个意思，但是我的状态已经彻底偏向负面。

我本来就是个极端的人，只要和自己合不来或者不太喜欢的人见面，就会认定“我讨厌见任何人！”而不是“那个人好奇怪！”那天晚上我一边抱着我们家的狗痛哭，一边大喊：“我真的讨厌见任何人！我讨厌人类！我再也不要踏出这个家门！”

第二天早上醒来，我满肚子的怒气还未全消，竟收到了那个记者的信息，他连个“您好”的开头问候语都没有，就直接写“周末前麻烦提供四到五张照片”。我故意没有回复，而是问他：“新闻草稿何时会发给我看呢？”结果他立刻打电话过来。我接起电话，他劈头就质问我：“我说过会提供草稿吗？”我说：“我到目前为止接受过的所有采访，都会在新闻稿正式发表前先让我看过草稿确认。”然后就听到电话那头传来一声不耐烦的叹气声，他接着说：“我做记者二十年了，我们就算采访总统，也不会提供草稿，那就变成是在审稿了啊！”他甚至还讽刺我都在出版社工作那么久了，怎么会连这种规则都不知道。

在那一刻我都被他说蒙了，但是我依然保持冷静地告诉对方：“我觉得你的态度极度无礼，我非常不舒服，希望你可以直接取消这次的采访稿。”结果他居然回我：“你以为我就很开心吗？”最后我说既然彼此都不爽，那就不用写这篇报道了，随即挂掉了电话。其实我是耗尽全身力气在跟他讲那通电话，当我挂掉电话时，我彻底崩溃痛哭。我觉得饱受屈辱，最后是出版社代表出面帮我解决了这件事情，他们彼此又通了电话。我一直觉得因为我还涉世未深又是女性，所以才会碰上这种事，痛苦到白天还吞了颗安眠药让自己昏睡。

医生 那时候是只在服用晚上的药吗？

我 对，我白天吃了一颗安眠药就去睡了，晚上再吃晚上的药，睡前本来打算再吃一颗安眠药的，但是我看自己有一点睡意，就没吃。那天晚上我做了各式各样的噩梦，每次做噩梦都会有这种梦——在别人面前像个蠢蛋一样说不出内心真正想说的话，只会独自难受，就连在梦里都快被自己给气死。

医生 实际上该说的话你不是都说了吗？

我 的确我很庆幸自己把该说的话都说出来了，但是该怎么说才好呢？虽然我明确表达了自己想说的，但实际上在说那些话时我是全身颤抖的，完全被那个人的气场压制，整个人惊慌失措，假如不是通过电话而是当面对谈，我恐怕一句话都说不出来。

医生 光从你说的这些内容来看，那位记者应该是在过去二十年都用这种方式对待他的受访者，对吧？跟受访者说：草稿要不要寄给你看是我决定。但是即使面对如此傲慢无礼的人，你最终还是把事情妥善收尾，不是吗？现实中的你和梦里的你是截然不同的样子，梦里的你其实是在限制自己。回到前一天，你听了朋友说的话以后心想："哦？为什么我都没意识到这样的事实，还认为自己想太多，安慰自己没事，还去回答他的提问。我怎么这么蠢？"其实你的做法并没有错，大部分人都会像你一样按捺住自己的脾气，顺利结束访谈。在这个社会上打滚，为所欲为或者意气用事的人并不多，大家更倾向于就算满腹委屈也要告诉自己忍一忍，很多人都会在公司里圆滑做人，圆融处事，不是吗？

我 哦，那么当他们没能好好完成采访时，反而会感到痛苦喽？

医生 对，反过来看，那些意气用事的人通常不会受人欢迎，会遭到大家的指责与批判，你应该不想变成那样的人吧？

我 嗯，对，我没有想要变成那样。

医生 所以照这样来看，对方对待你的态度虽然令你感到有点无礼，或者让你觉得他仗着自己年纪大就瞧不起你，但是你依然对他保持最基本的礼貌，而且你也没有想要和他再有进一步往来，从工作的角度能够这样处理已经很棒，可是你却因为自己没有展现内心真实情感（表现愤怒）、中途愤而离席而苛责自己，感到懊悔不已，这就有点矛盾了。

我 嗯，是这样。不过医生，我觉得自己的状态比以前好，是因为明确认知到您现在对我所说的这些问题。我想过自己为什么会这样。的确，要是真的变成那种为所欲为、意气用事的人，一定会遭受众人指责，那并不是我想要的人生，但是我经常会在自己身上贴标签，例如：我不擅长对其他人表达情感、我没用、我好蠢等，明明实际上并非如此，如今的我也早已不同以往，我却一直认为那种唯唯诺诺的样子才是我的真实面貌。于是我就变得难以控制我的情感，开始羡慕起那些可以做自己，爱发飙就发飙的人，其他人应该跟我想得正相反吧……

医生 对，我相信你并不是真的想要变成这样。

我 真的吗？但我为什么老是会羡慕这种人呢？

医生 只要你站在某个端点，相对地，你就只会看见另一个端点。所谓“年轻”，其实就是血气方刚、横冲直撞的，年轻人的人生也是，但是随着社会经验的累积，你会渐渐变得不再只看相反或对立面，而是发现某个中间地带。（中间地带到底什么时候才会出现呢？）随着年纪渐长，也会逐渐暴露出一些可能会被某些人认为是卑鄙的一面。其实最重要的是找一条自己认为最舒适的路，像你现在会告诉自己“一定要这样做或者那样做”，但是随着时光流逝，你的想法很可能会变成“我可以理解这样的方式，另一种方式也没有错，但是我比较喜欢采用这样的方式”，我甚至认为现在的你已经在朝这样的方向迈进。相信以后就算再遇到傲慢无礼的记者，你也能云淡风轻、气定神闲地说：“那个人态度不怎么好，不过无所谓啦。”总之，你现在已经处理得很好。

我　所以我现在是因为还太极端，才会去羡慕那些直接将怒气宣泄出来的人，对吧？

医生　是啊，因为那是你现在没有的性格，但是当你哪天真的那么做之后，一定又会自责：“我何必做得这么绝呢？”

我　嗯……是呢。我想到之前也刚好发生另外一起类似事件。有一天，我和男友还有他的朋友一起开车回家，因为我们的家在同一个方向。那位朋友个子很高，体形也很壮硕，听说是一个非常情绪化的人，虽然人不坏，但是只要一生气就会完全不管不顾。那天我们在车上刚好遇到隔壁车道有人开车横冲直撞，目中无人，甚至还对我们这辆车咆哮。我男友也有点被对方激怒，所以故意踩刹车想借此警告对方，但是没想到对方竟然向我们挤过来，不停地对我们叫嚣、谩骂，我男友有点后悔刚才急踩刹车，因为车上不只他一个人，还载着我和他的朋友，而他却没控制好自己的脾气，所以对我们感到有些抱歉，但是坐在副驾驶座的朋友似乎难掩怒气，突然摇下车窗，朝对方大声喊道：“你疯了吗？”然后又骂了一连串的脏话，我当时也被他吓到，最后那个朋友可能也突然意识到有我在场，频频向我致歉，说刚刚那样做很不得体。但其实我内心里是非常羡慕他的，要是我像他一样长得人高马大，应该也可以摇下车窗破口大骂。而且我认为他应该是对自己颇有自信，所以才敢做出那样的举动。

我在二十岁出头的时候比现在更极端，非常讨厌被人说成是小毛孩子，年纪轻轻不懂事，所以会刻意对男性摆出一副强势的不好惹的样子。有一次在聚餐场合与人起了口角，有个男人对我拳脚相加，我的脸被揍到红肿瘀青，那次事件让我切身体会到恐惧感，从那以后我就变得比较压抑自己火爆的性格。然后我又开始想象，如果是我坐在副驾驶座，摇下车窗用同样的脏话骂对方，那位大叔会善罢甘休吗？还是会更生气，直接追上来把我毒打一顿？我甚至认为，当时是因为我们的人数占优势，又有身材壮硕的男性友人在，那位大叔才只好悻悻地骂几句脏话便扬长而去。虽然我知道这样的想法并不正确，但是难免会这样想："我做不到，那是我永远达不到的境界，还是男人比较有威慑力。"于是就更向往那样的性格，想要像男人那样天不怕，地不怕……

医生　任何人都会想要像那样回击，尤其是开车的时候被人激怒，出于本能都会爆粗口，但是在那个瞬间又都会有一条理智线冒出来，不是吗？比方说，担心对方可能人多势众，或者也许是黑社会的……（惊）所以一般人都会在脑海中先经过一番评估衡量才采取行动。

我　其实我见到那样的男人会感到很害怕，但是又会觉得那份恐惧代表着无能、愚蠢，我会对自己说："你太没用了，每次都害怕得说不出话来！"

医生　不，这是再自然不过的心态。当然，每个人都会想要变得强而有力，但不一定要通过暴力的方式展现。你现在的心情可能是想找一个无人区，直接持枪把那些讨厌鬼统统都扫射枪决（大笑），但是因为你保持着理性，所以忍耐，不是吗？"要是我这么做，对方控告我怎么办？要是被对方攻击怎么办？"你会说服自己咽下这口气。我们医院里有许多患者就是因为缺乏这样的理智，瞬间情绪失控，导致暴力行为出现，尤其是在饮酒以后。再举个例子，假设我们在路上碰见一位非常接近自己理想型的异性，当下可能会想："哇，好想和他认识、交往、牵手、亲吻啊。”但是我们会忍住这样的冲动，对吗？我希望你不要对属于人之常情的情感过于自责，好好接受它，这些想法其实是健康的正常的。

我 对，我只是特别痛恨胆小怕事、在别人面前抬不起头的自己。

医生 你刚才提到女性，有时候人想要变得强大，这种憧憬往往会体现在关注女性权益或弱势群体上，借由这样的方式排解或补偿自己的欲望，这或许也能成为促使自己活下去的动力。

我 是呢。真希望我可以往比较健康的方向发展。

医生 现在的你其实已经非常健康，而且梦境是一个可以消除所有欲望的空间，不过你会将其带入现实又是另外一个问题。

我 会做那样的梦是不是代表我有问题或者不健康呢？

医生 不会，反而可以视为健康的象征呢！

我 是吗？我还每天心想：“我的潜意识简直就是一堆垃圾……”

医生 梦能够帮助我们排解情绪，在日常生活中则可以通过写作来抒发情感，有很多种替代方案。你在接受那位记者的采访时，并没有用特别负面的眼光去看他，这一点说明你对人的理解范围变得比以往宽广，你已经能够淡定地面对各种性格的人，你应该多往这些好的方面想。

我 唉，如果真是如此该有多好，本来的确是这样的，所以在接受访问的过程中也没有特别不开心的感觉，可是听完我朋友那样说以后，我就开始动摇了。现在看来我原本那样的处理方式没有问题，表示我已经有能力应对那种人。除了这件事以外其余都还不错，今天也出门散步、晒太阳了，和我自己进行了一番对话，心情平静许多。我对自己说："其实已经有将近两个星期都只有好事发生，情绪控制得也很好，可你却因为这件事一直责怪自己，都不懂得称赞自己表现好的部分。"

医生 很好。你说你彻底崩溃，但其实仔细想想，虽然白天吃安眠药倒头昏睡，这却和"我要吞药自杀"是截然不同的心境，你的举动其实也意味着"我才不会因为这种烂事而感到有压力，甚至去寻死"，如果是以前的你，很可能就会为此想不开去寻短见，但如今你却懂得用睡觉来排解这种负面情绪，可能还暗自心想："就凭你这种人，也想要来击垮我费尽心思苦心经营的人生？太可笑了吧。"所以由此可见，你的确是有进步的。

我　　没错，因为那位记者去寻死，实在可笑，我从来都没有这样想过，感觉自己确实改善了许多。

医生　　真的很高兴你的状态越来越好。

我正在好转当中

虽然度过了痛苦的一周，我却能明显感觉到自己正在逐渐好转，我变得可以控制我的情绪，内心的恢复力也更强了。除此之外，我还变得能够自我合理化，尽管在面对我最脆弱的部分（老是鄙视我或者用气势压我的怪人）时还是很容易感到崩溃，但是和前不久的我相比，恢复得算很快了。

尤其是在“绝对不会因为那种人而选择自杀”这个问题上，要是从前的我，不只会因为那种人去寻短见，更可能会因为被那种人摆了一道而想不开，我朋友也说她很怕我会用自我厌恶的负面眼光看待自己，还好我很快就回归正常了。

如今，我已经能将箭头指向对方，会在心里默念“才不会因为你这种小人毁了自己”，甚至对自己和自己的人生也有了新的认知，其实，我并不是那么一无是处。我不再过度检视自己，而是改用旁观者的方式，从宽容理性的角度观察自我，做出更客观的判断。

看来我真的有好转，很高兴我可以不用反复困在上一本书提及的问题中。

第 21 周

其他人又没经历过我的人生

不久前，我去做了一次星座占卜。其实我本来是一个不相信星座、塔罗的人。犹记得当年在准备高考的时候，我和姐姐一起去弘大的塔罗牌咖啡厅算过，一位专门算塔罗牌的老奶奶问了我当时的情况，竟然斩钉截铁地断言：“你绝对不会考上你想去的大学。”我始终无法理解，她怎么能用到“绝对不会”这四个字呢？

最后我没有如她所预言的那样，而是如愿考上了梦寐以求的大学，想到这就更愤愤不平。

去年在朋友的推荐下，我开始关注星座占卜，当时我觉得有些部分算得很准，有些部分则没那么准确。关于未来的运势预测，因为尚未发生，所以被我彻底遗忘，也没有办法验证了。直到那年冬天，我偶然读到自己当初记录下来的占卜重点，才发现竟然有许多部分和占星师的预言一模一样，真的这么灵验吗？今年夏天，我又再度和男友一起前往。

因为去年已经算过，所以这次去算，听到的还是类似的内容。男友被说成是头脑非常聪明又能言善辩的人。我姐姐托我请占星师帮她也算一算，结果算出来她不仅是绝世美女，还聪明绝顶。他们两个人的命格都比我的好很多，我不由自主地问占星师我和男友比谁更聪明，当占星师回答男友更聪明后，我的心情顿时跌入谷底。

其实我一直认为自己有点笨，特别羡慕那些聪明的人，他们往往懂得举一反三，掌握全局，不论遇到任何事都能找出最佳方案。我原本不信这些算命占卜的东西，可现在竟不自觉地全盘接收了占星师说的话，我不禁心想："我果然还是一个容易受人影响，缺乏理性思维的人啊！"想到这，我的内心突然痛苦不堪。

医生　这几天过得如何？

我　心情不是特别好。

医生　为什么呢？

我　发生了一件事。其实最近不论受到任何影响，我都不像从前那么易感了，也没那么容易受伤。但是昨天我去做了星座占卜，去年也算过一次，觉得很准，所以今年又去算了一次，这次是带男友一起去的。

医生　星座占卜是如何进行的呢？

我　就是把出生的时辰、地点、日期提供给占星师去算命。这个占星师好像都说中了，算得非常准，所以我几乎就完全相信了。我看占星师是用某个程序去计算的，算出结果以后说了一些关于我男友的性格与命格等，我觉得太神了。占星师说他是属于耳根子硬的类型，命格则属于狮子、国王、老大等，就是绝对不服输，凡事只要一投入，就一定要做出成绩，总之，评价非常好，还说他是天生当老师的命，我跟他完全不能比，我是当学生的命。

其实我也有点同意占星师说的，男友并不强势，我反而有点厌男情结，在和异性相处的时候总是想要占上风，压榨或者欺负另一半，凡事都要按照我的意思去做（我是疯子）。一开始对男友也是如此，但是随着交往时间变长，自然就收敛了很多，也会尊重对方，所以我们才会稳定交往至今。可能我很容易被类似“教主”这种人吸引，也就是气势比较强、充满自信、能言善道的人。

当我们算到一半的时候，我姐姐突然打电话来，托我帮她找占星师也算一下，结果占星师说我姐姐是个聪明绝顶的人，可是一开始给我算的时候也说我很聪明啊，所以我就追问占星师："那我们三个人当中谁最聪明？"她回答是姐姐最聪明，于是我又追问："那我和男友两个人谁更聪明？"结果占星师竟然回答："当然是你男友喽！"我当时真的觉得心情很不好，这样的答案简直有损我的自尊。

医生 觉得很伤自尊？

我 对，非常伤自尊。我想是因为我自己也觉得自己不够聪明的缘故，自卑感作祟，但是我看男友丝毫没受影响，对占星师的评语根本不予理会。本来我们只是出于好玩才去算的，结果我却当真了，而且还深受影响，甚至还认为这位占星师非常神。

后来我跟那位推荐我来找这位占星师算命的朋友说了这件事，告诉她占星师说我最不聪明，结果朋友竟然回我："你确实不是什么聪明的人，呵呵。"我气愤地对男友说了这件事，男友回答："喊，她自己又有多聪明！"虽然他这样安慰我，但我还是一直心情很差，所以又尝试了与自己对话。

我对自己说："不要因为别人的一句话就认定自己是脑袋不灵光的人，那是她无礼，是她的错，不是你的问题。"

将问题这样多角度看以后，我的心情好了一些。当时那个氛围不适合起冲突，所以我也没继续追问那位占星师，但事后回想我还是很后悔，当时真应该直接摆臭脸，再怼她几句："你算老几啊！凭什么说我笨？"

我真是恨自己，为什么要怀疑自己是不是真的不够聪明？为什么没当场发飙？

医生 如果你得到的评价是，三个人当中你最聪明，那你会怎么想？

我 当然会很开心啊。

医生 真的纯粹只有开心吗？你会认为这个人算得好准，值得信赖吗？

我 什么意思？

医生 毕竟对方又没有实际测试过你的智商，光凭出生时辰和地点就说你最聪明，你觉得可信吗？

我 我懂了。不过朋友说我不聪明，我还是不能接受，很愤怒。我实在搞不懂她为什么会这样认为。

医生 朋友的那句话真的有这么重要的意义吗？占星师应该也是因为你表现出对这个话题最感兴趣的样子，所以才会故意逗你说："旁边的人看起来更聪明哦！"要是有人问我可能我也会这么回答。

我 这样想会不会太一厢情愿呢？

医生 我打个比方吧，也许这个比方还不足以说明信赖度，假设有三胞胎一起去做星座占卜，根据出生时辰推测，三个人的智商或性格应该一模一样吧，但真的会一样吗？

我 我明白您的意思，不过被人说别人比较聪明，你比较笨，还是一件令人不悦的事情。

医生 这可是你自己要问她的呀。

我 她说我“还算聪明”，语气很勉强，但是对我男友和姐姐的评价是“头脑超级聪明的！”表达方式完全不同，所以我才会穷追不舍地追问啊（真是的，干吗自讨没趣）！

医生 可是一般来说，聪明的标准很模糊，聪明可能是指智商高，也有可能是指反应迅速。当你去见那位占星师的时候，你一定对她充满无条件的信赖，所以打从一开始，你就已经甘拜下风，那个人理所当然会认为，不论她说什么你都会相信。

我 是啊……难怪我男友也笑话我，他说我就是盲目相信那位占星师，还说我简直把她当成万能的上帝了。我男友一点都没受她影响，甚至还认为她有偏见，因为她说我男友能言善辩、头脑聪明，是站在教育孩子的立场，然后还说：“唉！要是教一群没什么才华又没出息的孩子，应该会压力很大。”那位占星师似乎认为人要按照命运的安排而活，可是男友却认为人生的路是自己走出来的，他对占星师根深蒂固的传统观念感到可悲。

医生 你觉得这些话真的只是在说占星师吗？

我 难道是在说我？

医生 有一点。感觉像是在对你说：“纯粹当成是好玩的游戏就好了。”通常算命占卜不都是这样吗？都是认为命运早有安排，并且认为个人的努力毫无意义。

我 医生您是觉得我老是在意这种小事很可笑，对吧？

医生 不是这个意思。在你听到占星师算出来的结果时可能会出现心情起伏，但是我希望那些话你听听就算了，就当成是众多意见当中的一个参考数据就行。

我有个好友非常喜欢去算命，她是个很有自信的人，其实如果是用易经卜卦，不论去哪一家算，算出来的结果基本上都会大同小异，但是她依然乐此不疲，反复去算，还经常把算命师说她命格很好的事挂在嘴边。

后来我有好长一段时间没有和她联系，难得在某天突然又联络上了，于是我们闲聊了几句，聊到后来发现原来她一直都是用错的生辰八字去算命，因为她的父母不记得她的出生时辰了，就故意告诉她一个良辰吉时来搪塞她。

如此看来，这位好友至今算过几百回，那些算命师每次都说她“天生是个有福气的人，出生在非常好的日子”，这些结果有什么意义呢？不论找多么有名的“神仙”占卜，也从来没有人对她说：“这应该不是你的生辰八字。”

在心理学上，我们可以把这种现象称之为“受暗示性”①，一旦受暗示性增强，那么就会更用心倾听并接纳自己所重视的部分。但其实我们还有很多部分可以通过自身努力去改变，不是吗？这和你通过与自己对话来抚平内心伤痛是一样的道理。

与其通过出生的时间、日期和地点去推算命运，期待得知结果，不如把关注点放在为改变命运而做出的尝试与努力。

我　　那么关于朋友对我的评价，又该如何看待呢？

---

① 受暗示性是人在漫长的进化过程中，形成的一种无意识的自我保护能力和学习能力。人时时刻刻都在受到心理暗示，心理暗示有强弱之分，但是心理暗示效果的好坏（正负）无法由人的显意识控制，也就是不管你愿不愿意，不管你觉得这对你好不好，你已经受到心理暗示了。——编者注

医生 她说的那番话可能是有其他意思，你们不是感情很好吗？很可能她只是在跟你开玩笑。

我 但我认为她是真心觉得我很蠢，我明显感受到这一点。我真的很久没这样自责过了，我觉得自己是一个很容易受人影响的人，耳根子很软，所以别人无意中的一句话就会让我陷入自责。比如昨天做完星座占卜以后，我就开始对男友刮目相看，觉得他比我厉害，比我有本事，在这之前我一直觉得他和我水平差不多，和他相处也很轻松，没想到在占星师口中，他那么强势，而我却如此软弱，一想到这些我就心里很不舒服，又会生出自卑感。

医生 我觉得你已经被那位占星师“洗脑”了，你只相信她的判断，失去了你自己的标准。其实你和男友相处的时间远比那位占星师来得长啊，就算没带男友去现场算，她也可以光凭出生年月日就做出判断对吗？这样的判断真的可靠吗？

我 是啊，我和男友相处的时间这么久，我为什么要被头一次见面的占星师说的那些片面之词影响呢？她只是根据出生日期来推测的，我却深信不疑，执迷不悟，我真的很气自己这一点。我男友作为当事人都不在乎这些话，我又有什么好纠结的？唉，我原本是完全不信算命占卜的人，不知道怎么最近会突然迷起这个，感觉自己变成了非常不明智的人（已经很不明智）。

医生 希望你多关注过去通过自身努力做出的改变。

我 嗯，我不是一直想要变得很强势吗？所以我才老是羡慕我姐姐，想要拥有像她那样的命格，当老大、当大王这种。因为我没有这种潜质，所以我会对强势的人特别感兴趣。我讨厌自己不够强势，总是软弱无力，明明不强势却硬要装强势。

医生 其实没有人想当弱者，都想要变得强而有力，坚强而完美。当我们想要改变自我时，不妨用更具科学性、合理性的方法。

不断想要证明自己的那股欲望

有些人让我自惭形秽，比如，那种只会自顾自地说自己想说的话的人，或者高谈阔论滔滔不绝讲自己的故事的人，还有那些试图打压我，抑或是用言语对我造成伤害的人（当然，可能对别人来说，我也是这种人，虽然我由衷希望自己不是）。一般人遇见这种人，只会感到生气，宣泄一下心中怒火也就没事了，可我却会产生自叹不如的感觉，加深了自卑感，究竟是为什么呢？

在我看来，那些人就是居高临下，没有把我当成平等交流的对象。他们往往认为自己说的才是正解，不容置疑，相比之下，我显得幼稚肤浅，没有见识。难道这是一种被害妄想症？

总之，我无法忍受只能倾听不许发言的场合，我喜欢说自己的事，不想和那些根本不把我放在眼里的人来往。只有一方不停诉说，对方毫无反应，这不就和看着墙说话一样吗？

每当我遇见那些拼命表现自己、不停想要证明自己比别人强的人，就会感到十分厌恶。我会被那样的“能量”搞得心力交瘁。假如我有自动屏蔽功能，充耳不闻，也不去回应，倒还好些，但偏偏我又是个不甘示弱的人，我会不停回击，讲一些更刺激、更容易受关注的故事，想把对方的气势压下去，哪怕为此捏造故事也在所不惜。

很多时候这种场合只有我和对方两个人。我们两个人当中究竟谁会感到更疲倦呢？

我吧？应该是我，应该会是我。

所以我已经在床上躺了两天了。

我觉得自己是个不折不扣的麻烦鬼。

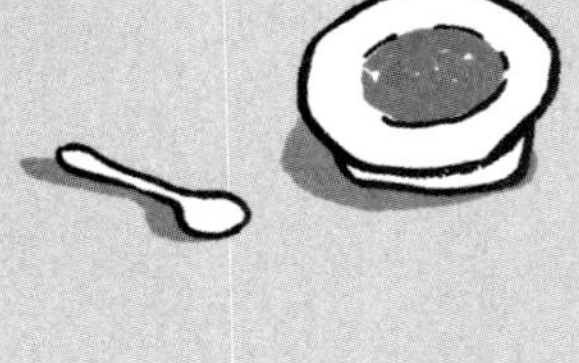

第 22 周

不论是伪善还是真诚，都要完全做自己

医生 最近过得好吗？

我 还可以。最近发生了一件事，让我有重新反思的机会。

医生 什么事呢？

我 也不能说是个事情，应该说是疑问吧。我在网上认识了一个编剧姐姐，彼此交流了很长时间，但还没有在线下见过面。我很欣赏她，前几天终于第一次相约见面，我们聊得很开心。其实我每次只要和陌生人见面，都会摆出社交式的那一面来应对，基本上就是笑脸迎人、亲切待人、说话客套，不管对方说什么，都尽可能去附和（虽然只有我心甘情愿时才会这么做）。那天和编剧姐姐见面，我也是不假思索地这么做，编剧姐姐也很亲切有礼，不会给人过度热情的感觉，也不会让人不自在。

那天我在回家的路上思考了许多，我怀疑自己的客气是不是刻意训练出来的。当然，有时候我对人客气自己也会有好心情，但很多时候见完面回到家，会觉得特别特别累，这说明那种客气并不是我发自内心的真实的态度（突然对医生说半语[①]）。这倒不是说我不想对人彬彬有礼，我只是不想为了营造欢乐和谐的气氛而一直努力赔笑脸。可我发现，在社交生活中，我必须这么做，这样才能让和我交谈的人感到轻松自在。

我以前没有特别深究过这个问题。有些人在陌生人面前会变得不知所措、张口结舌，和这种人见面时，通常都会由我来主导谈话，活跃气氛，但其实我并不想担任这种角色，每次回到家以后都会感到疲惫不堪，所以心中才会浮现这样的念头，“难道我的亲切是很久以前就累积习得的吗？”

我想要从今以后做回自己，在保持基本礼貌的前提下，在我不想笑的时候可以选择不笑，不一定要处处迎合别人。

医生 你现在说的这些感受都是在你回家的路上产生的，

① 在韩语中，半语一般用于比自己年纪小或是同辈的人。——编者注

对吧？那么在你平时待人和蔼可亲、笑容可掬的时候，也会有这样的感受吗？

我 有，同样有过这样的感受，暗自觉得“唉，有点累”。

医生 你会觉得自己是在演戏，要演到对方期待的程度？

我 对，因为对方不会这样，不会像我一样凡事迎合他人，看别人脸色。遇见这种人我会心想：“他怎么就能保持本色呢？（当然，这很可能只是我个人的片面观点）凭什么我要这么刻意讨好对方呢？”

医生 你觉得那位编剧姐姐很没礼貌吗？

我 我没有这样想，我只觉得她应该是比较以自我为中心的人，会按照自己的意愿做事，感觉是周围的人更多地去配合她，所以我心里会有点难过，有点不是滋味，因为我是那种配合别人的人，但其实我心里更喜欢别人来配合我，就像编剧姐姐一样。我和男友、家人还有关系特别亲密的朋友在一起时，都是他们配合我比较多，和他们相处我感觉特别舒服自在。只有在陌生人面前，我才会处处配合对方（这是我最讨厌自己的一面）。

医生 那么这些和你关系密切的人处处配合你之前，你都做了哪些努力呢？

我　　我对这些朋友都坦诚相待，至于家人嘛，可能就纯粹因为是家人，所以才……啊，您是指我们当初是如何变得如此要好的吗？当然一开始都是先互相配合啊。

医生　一开始应该都会配合对方吧。

我　　每个人都是这样吗？

医生　你不是说你一开始都会配合对方，但是对于已经很亲密的人，就不会再处处配合吗？我很好奇究竟是在什么样的阶段你不再配合对方？总不可能在关系逐渐升温的情况下，某天突然一觉醒来告诉自己“从今天起再也不要配合某某某了”这样吧？（大笑）

我　　嗯……应该是渐渐地开始表达我的主张，具体的我也说不清楚。

医生　那么，有人会因为你开始表达自己的主张而逐渐疏远你吗？

我　　除了上次提到的那位说我头脑不聪明的朋友，其他人跟我的关系都还没有好到可以让我放心展现我的真实面目，最近甚至根本没交到什么新朋友，我的朋友都是认识已久的老朋友了……除了这些老朋友以外，就没有其他经历这些过程以后逐渐变要好的朋友了。我对男友是只在交往初期才会配合他，也就是彼此刚认识的时候。

医生 我想，不论是谁，在互相刚开始认识的阶段，都会努力配合对方。你不要认为这是“配合”，只要把这种行为当成自己在努力认识一个人就好。

我 可是为什么我要做这种努力？（严肃）

医生 任何人都会做这种努力。

我 都会这样？

医生 对，只是每个人的努力程度不一样。像这次你和编剧姐姐，也许是因为你们两人的关系不平等，所以才会让你有那种感受，或者关系是平等的，却让你感觉到“为什么只有我一个人在努力配合”。其实人在江湖走，多少都会隐藏一些真面目，做出体贴理解对方的样子，只是每个人的隐藏程度不同而已。我希望你不要把自己一直以来所做的社交努力视为卑微的事，甚至因此而责备自己。

我 您是说我把自己想成是受害者或弱者吗？我是不是一直有这样的倾向？到底是为什么呢？难道又是那该死的低自尊感导致的？

医生 与其去追究原因，不如想想这样的社交能力以及亲和力，恰好是你的过人之处，不是吗？

我 有些人的确说过很羡慕我这一点，男友也认为我的共情能力很强，很羡慕我可以深刻地理解别人，和人一同欢笑或哭泣，他说他就完全做不到，再怎么想要理解他人的感受也能力有限。可我却认为自己为他人想得太多，过于迎合别人，我不喜欢这样的自己。

医生 我理解，你可能有点不甘心扮演这样的角色，但是你再想想，那位看上去有点高冷却维持着礼貌的编剧姐姐，会不会在回家的路上心想："这位妹妹虽然是第一次见面，却对我很亲切呀。"人与人的关系不可能永远处于同样的状态，同样的维度，就如同当初你和男友以及老朋友们拉近关系时一样，一开始你是完全配合对方，第二次见面你就可以尝试表达一些自我主张，第三次见面再多一些自我主张，经过这样的过程，有些人就会和你变得更加要好，最重要的是，如今你身边也确实有这样的朋友，不是吗？（现在也有吗？可以发展成关系更紧密的朋友？）

当然，要是你在人际关系里的焦虑感持续上升，你就会难以接受继续隐藏自己的真实面貌，你不再想只展现对方想要看到的一面，这会让你产生自我怀疑或者自尊感降低，碰到这样的情况，的确是需要放松，别再逼迫自己。你可以这样想：“反正我也不缺这个朋友，这个人也拯救不了我，就算没有他，我的生活也不会发生任何改变。”

我 只要这样轻松看待就好吗？好吧，那我会努力往这个方向去思考的。最后还有一件事要说（真是没完没了），在我读高中时，不是自尊感很低吗？所以我经常贬低自己。朋友们也经常对我说：“你又在贬低自己了！”可是我现在已经很少听到这句话，这应该表示我有进步吧？

我觉得人如果老是贬低自己，久而久之，就会认为其他人也可以任意贬低我，因为已经对此感到麻木了。我一直觉得有一个朋友非常瞧不起我，就是之前我跟您提过的那个同学。高三时我在自习室里吃饭、吃巧克力时，她说我“这么能吃，难怪会胖”。尽管这只是一件很小的事情，在我心中依然留下了难以抹去的伤痕，还有许多令我无法释怀的琐事。但是我从未对她说过我当时有多生气，因为朋友们都会习惯性地说我很小心眼，开不起玩笑，我害怕他们又会这样说我，所以一直没有勇气告诉她我的真实感受，这份感受不断在心中累积，最后到达一个极端境地，我想，“嗯，她果然是瞧不起我，我干脆不要再跟她来往了。”

后来我就真的再不和她联系了，但在那之前我们还算是很要好的朋友（表面上），所以感觉她对我的态度转变十分吃惊。就在三个星期前，我的Instagram收到了一条她发来的信息，她说她一直都很想念我，只是没有勇气说出来，所以才会拖到今天联系我。我看着她发给我的信息，内心百感交集，勾起了许多过往回忆。于是我把过去思考已久、埋藏于心的事情一五一十地写了出来，回复给她。我告诉她：“我觉得你一直都很瞧不起我……”说了很多诸如此类的话。我很害怕要是和她再次见面，我就会重回十九岁那年，再次体验无地自容的感觉，什么话都说不出来。

后来我收到了她的回复，她表示自己真的完全没有察觉到冒犯了我，很感谢我愿意对她说这些心里话，还向我道歉，希望可以和我当面聊聊。一会儿我就会去她经营的店里找她，虽然还是有点害怕。

医生 真的很了不起。

我 啊？

医生 我说你真的很了不起，最终，你还是选择对她说出心里话。

我 这很了不起吗？

医生 当然喽！你原本害怕被人说小心眼，一直把真实想法埋藏在心底，现在你统统都说了出来，当然很了不起，你最需要的就是这么做。其实当你说出这些话时，是无法预测对方会有什么反应的，有可能会得到像这位朋友一样的正面反应，也有可能对方会想，“哎哟，她怎么这么计较。”当我们去揣测对方的反应时，大部分人都会往负面去想。如果从极端角度去看待这件事，你等于是向对方传递了这样的信息：“我就是这么想的，你要是觉得无法理解，大可不必再与我联系，总之我不想要再受到任何伤害。”如果你小时候是个即使受伤也不知该如何应对的人，那么现在的你已经有了很大进步，你知道如何应对了，你已经可以按照自己的意愿去表达。

我 是啊，我很感谢她向我道歉，回复信息给她的时候我如释重负。那天我哭了很久，因为深埋于心的伤痛彻底爆发，通过流泪释怀了许多，也领悟到那其实不是什么天大的事，时间早已让它淡化，我也不再怨恨我的朋友。

不过今天要去找她，感觉还是会有些尴尬，我在想究竟怎么面对她。尤其最近我还在深深质疑自己这种训练有素的亲切是不是优点，我在考虑是改走高冷路线呢，还是用我本来的面貌去面对她……

医生 用本来的面貌吧。假如你们见面以后气氛很好，你能像现在这样说自己想说的话，那就好好找回过去那份和她要好的记忆与感觉，而那些不愉快的记忆可以通过你们未来共创的新记忆覆盖掉。

我 好的，我会好好和她见面的。

训练有素的笑脸迎人

我为什么会对根本不重要的人过度亲切？关于这件事我思考了很久，后来得出的结论是：因为他们随时都有可能会讨厌我，会用鸡毛蒜皮的小事、片面观点来评判我，歪曲我。

而喜爱我的人对我有感情，也了解真实的我，他们讨厌我的可能性很小，所以我在他们面前就比较强势。

这次心理治疗最大的感触是，原来我的笑脸迎人是经过长时间习得而成，自幼就被教导要乖要听话，待人要亲切有礼，毕竟我不想被人讨厌，也很害怕被同学排挤。

然而，如今每天对外展示完亲切的笑脸以后，回到家我只感到心力交瘁，难以摆脱那份疲劳感。我一直没能从害怕被人讨厌或者不被喜爱的枷锁中逃脱，未来恐怕也会是如此。我想要变得自由，哪怕没有人喜欢我，大家都骂我，哪怕我失去朋友，孤零零一个人，我也很想要扔掉这个虚假的躯壳。

我一点也不想当一个有礼貌的人，也不想被人认为我是个好人。其实我根本就不是什么好人，我只是为了让自己看起来像个好人，所以才会亲切地回复社交媒体上的网友留言，勉为其难地回复那些私信（但不至于虚情假意），戴着亲切的面具去见陌生人，并适时地做出回应，假装微笑，附和别人，表示我能够感同身受。

从现在开始，我打算做出改变，只要觉得心累，我就会让一切暂停；只要力不从心，就会随时喊“卡”。就连这种事情也要到三十岁才有所领悟，凡事都比别人慢半拍，这样的我必须成为过去，我要做全新的自己。我的自我怜悯有多深，自我厌恶就有多重，直到今天，我都在尝试接受这个事实：“这样不完美的我才是真正的我。”

第23周

我这人到底有没有原则？

我原本是一周做三次运动，但是因为状态越来越糟，外表给我带来的压力也顿时暴增。我和母亲一起去探望外婆时，母亲一直说我变胖了，要减肥，我实在很讨厌她这样说，问她为什么老是对我说这些话，她说是因为看我太辛苦，太执着于身材，就索性直接激励我减肥。

我对她说："要是我自己提到关于身材的事情，您说我也还好，可是我连提都没提，您却没完没了地说，您这不是故意伤我的心吗？"我和母亲大吵了一架，后来还跑去抱着外婆痛哭。以外婆的标准来看，她认为我应该要再多吃一点、长胖一点才好看，说我现在太瘦。我告诉她母亲要我减肥的事情以后，外婆甚至比我还生气，"你妈说的这是什么话！"外婆说要是我再减肥，就再也不和我见面了。我边哭边说："如果每个人的标准都能像外婆这样就好了。"

现在这个社会的审美，早已和外婆那个年代大相径庭，所以最终我还是报名参加了为期三周的减肥营，这里提供住宿和餐点，并且督促你不停运动。

医生 这几天过得如何？对身材满意了吗？

我 您是指我身上的肉吗？您觉得我瘦了吗？还是看不太出来？

医生 因为你的脸很小，又穿着冬衣，看不出来胖瘦。

我 嗯，我减掉了四公斤脂肪呢！医生，我原本的体重可是有五十七公斤呢！

医生 这样算很重吗？

我 当然算很重的啦！因为我的身高只有一米六一。那个减肥营，我后来又再延长了一周，所以总共在那里待了三周。

医生 是因为效果很好所以延长吗？

我 主要是因为我很喜欢那里的环境，毕竟我也过了好几个月漫无目的的生活，刚好又没什么出行计划，到那里有人督促我，我还能自我约束一下。这几个月以来我身边都没有这样督促我的人，我一直很想妥善运用时间，却总是难以落实，但是在那里是从早上八点到晚上七点都有安排好的固定活动，所以觉得很不错。

医生 而且那些活动还都是为了雕塑你的身材。

我 没错，一天要运动五六个小时，真的很累。在减肥营里确实非常辛苦，但还算能忍受，我比较不能忍受无聊。

刚开始的第一周觉得很痛苦，但是到了第二周就适应了，感觉越来越好，所以又延长了一周，我还考虑要不要干脆在那里待满一个月，但是估计我应该很难撑到一个月，所以只多加了一周。不过当我待到第三周的时候又觉得，“唉，早知道应该待一个月的”，要是一开始就报名一个月，应该能拿到更好的优惠价格。

在那里待到第十四天的时候，正好是星期六，我去喝了一顿喜酒，再来医院这里拿药，然后回家。我原以为自己会很开心，终于可以回家，但我发现自己竟然很讨厌回到那个家，因为害怕又回到从前那段既无聊又痛苦的日子，尽管那是我心爱的小窝，却会勾起过去那些黯淡无光的记忆。而且虽然我非常喜欢小狗，但是喜欢和养是两回事，因为会同时体验到爱与痛苦。自从养了三只狗以后，我的时间大部分都用来照顾它们（我不在家的这段时间就把它们送去老家了，让家人代我照顾），当我一想到接下来我的自由时间又要减半的时候，突然感到眼前一片漆黑。虽然和它们分开时我会非常想念它们，但不可否认，它们不在的时候，我的确轻松很多，就像妈妈们短暂地独自出门放风时所感受到的那种喜悦。当时正好又是我生理期前一周，心情也比较低落。

医生 你从减肥营出来时，没有准备好回家后要开始新的生活吗？

我 当然想过这个问题。我在减肥营里待到第二周的时候状态不是很好，流了好多眼泪，运动时还好好的，休息时间的前三十分钟也很快乐，但是到后来又突然觉得很空虚，所以大哭了一场。

待到第三周时还迎来了生理期，也许是已经习惯那里的生活了，也没有感到特别不适。再加上我很喜欢一个人独处，每次做完运动以后就会回宿舍房间休息，吃完饭也会回房间休息，我很喜欢这样的生活。

哦对！我还在那里认识了一位和我同时加入减肥营的朋友，她才二十岁，我们很要好，我庆幸自己遇见了谈得来的人。

医生 听起来你在那里过得很不错，太好了。我看你把脸转向侧面时明显变瘦了。

我 是吗？瘦一些了，对吧？我发现在减肥营里面很少有我这个年纪到四十岁左右的人，也就是上班族，里面大多是时间比较宽裕的大学生或待业人士，或者是孩子都已经长大的四五十岁的中年妇女，发现这一点，我不禁有些难过。上班族工作很忙，根本没时间来参加这种减肥营，在家照顾小孩的人也是。他们每天都会因为工作而压力巨大，只能靠不停地吃来解压，明知自己该运动，却又没时间去执行，因为还得忙工作，等于形成了一种恶性循环，包括我自己也曾经是这样。我觉得我现在可以体验这种活动已经非常幸运了。

总而言之，在减肥营里的生活很不错，回到家以后，因为实在太害怕自己又会回到从前的日子，于是我给自己每天都安排了满满的行程。从星期五开始就一直没停过，一大早就去健身房报名了私人教练课程，然后去了一趟银行，再去医院接受门诊治疗……但可能是我把自己搞得太疲劳了，前天完全体力透支，浑身无力，导致所有计划只能全部取消。

医生 事情多固然好，但我希望你还是可以在行程中间预留一些空档。

我 好的。我最近重新开始研究女性主义，在读一些这方面的资料和书籍。

医生 为什么会突然决定重新开始读书呢？

我 我在参加减肥营的时候没读什么书，为了专注运动，暂时远离书籍。

我欣赏的那位编剧姐姐最近正在制作一部短片，我要为她加油打气，支持她，听说她最近开始使用推特，所以我就去她的推特浏览了一下，在我看来，她在推特上的发言有点强势，言辞过激，也很极端。我从她发的推特中（包括转推的文章）仿佛看见了自己过去的影子，比如说如果别人跟自己观点不一样，就去攻击对方；把自己当成圣人，居高临下批评别人。

医生 也就是排除掉多元性，不懂得尊重他人，对吧？

我 对，坚持自己的信念当然很了不起，但是过于极端就不好了。

说到减肥，我在想："我到底为什么要减肥、化妆？难道这些行为真的都只是为了讨好男人？还是单纯为了展示自己？"细细琢磨，其实不只这些原因，在我看来，是整个社会文化出了问题。举例来说，男人看重权力、财富，女人则看重外表。我们一直身处于这样的社会文化中，我从小就切身体会到长得美、身材好的人更容易受到肯定，引人注目，被社会认为更有价值，所以我在全部都是女生的圈子里更战战兢兢，竞争心也更强，与此同时我也很厌恶这样的自己。

医生 你很厌恶这样的自己吗？

我 对，非常厌恶。这次参加减肥营的时候，正当我准备离开宿舍时，看见许多身材姣好、长相漂亮的女生加入，瞬间点燃了我的斗志，“难道我长得比她们丑？那个人是不是比我还要瘦？”然后我就默默观察她们运动的样子，但是看着看着，突然意识到这样的自己真是讨厌，那些人比我苗条或比我胖，又关我什么事？看见人家比我胖，我就心满意足了，这样的我实在无耻。我实在很讨厌自己有如此不可取的想法。

所以我开始思考，为什么我要打扮自己，为什么我会想要和其他女性攀比，这些比较最终难道也是为了得到男性的认可？当我想要寻找问题根源时，发现是个无底洞，假如我真的是父权制度下的产物，又是受害者，我就只能顺应这样的文化吗？还是我也要参加“摆脱紧身衣”运动？

医生，我知道我这样想很极端，但请容许我再讲一件事。我现在减掉了一些肉，所以坐着的时候腹部不太会挤出赘肉，身体也比以前轻盈许多。我打算坚持运动，因为不想再看见暴饮暴食、搞坏身体的自己，我喜欢看起来健康有活力，也想要真正变得健康。每当我把自己打扮得漂漂亮亮时，应该是感到快乐、满足才对，可我却经常产生这样的念头：我到底能变得多漂亮？当我素颜没化妆的时候，我会觉得自己很丑，所以出门时总是避开路人的视线；而每次精心打扮过再出门的时候，我又会特别在意路上比我长得更漂亮、身材更好的女生，拿自己和她们比，所以我总是不快乐。如果我根本不在意身材问题，或者干脆剪超短发，不化妆出门，会不会更轻松自在一些呢？

医生 会吗？

我 唉，到底为什么会突然这样纠结呢？医生，我觉得自己真的很讨厌，也很混乱。有人会像我一样烦恼这种事情吗？（又开始在意别人）

医生 （医生没回答）每个人天生长得不一样，就算是男生也分爱打扮与不爱打扮两种，有些男生甚至还会化妆，非常用心地打扮自己。

我 但是这个社会要求女性化妆才能出门，不是吗？仿佛已经成了约定俗成的潜规则，而不再是个人喜好问题。

医生 与其说是要求，不如看成是一种相互竞争的体系。

我 所以我才很好奇到底为什么会产生这样的体系呀！（感觉是在质问医生）

医生 我们可以说是受父权制度的影响，但其实关于女性打扮这件事，在当今社会已经成为一种共识。过去在欧洲国家，男性打扮自己被视为理所当然，但是如今要是男性过度装扮自己，有时就会被世人用负面的眼光看待。这样的歧视或偏见已经有所改善，随着时间流逝，还会不断改变。

难道就不能用简单一点的方式顺其自然地看待这件事吗？一定要把化妆、留长发、减肥、整形等，以这种宏大命题式的方式来探讨吗？

在以前那个年代，即使你有一万个不愿意，也只能听从公司规定留长发，但是如今各大企业都不再规定女性的头发长度，想剪多短都可以。我们现在的很多问题是出于对自己的“厌恶”。

我 我看到很小的小朋友竟然已经开始厌恶自己的身

体，我是在高中时期才有这种感受，现在的孩子应该比我那个年代更严重吧？

还记得读高三的时候，班上有女同学天天化妆来学校，要是某天突然没化妆，同学们就会开始对她评头论足。那时我就在想，她们会不会也在私下议论我每天素颜来上学呢？我就突然对自己的素颜感到羞耻，也变得厌恶自己的长相和身材。我花了好长一段时间才克服这种心理障碍，再度有勇气素颜出门。现在我出门前化妆，真的是出自我个人的意愿吗？

医生　如果从化妆效果来看的确是如此，回想你第一次化妆的时候，应该还是为了满足自己吧？

我　因为化了妆以后显得更漂亮吗？

医生　对呀，这些事情都是自然而然发生的，没必要非给它们贴上个标签，然后开始自责，那就没完没了了！你刚刚说要重新开始读书，让自己的思考更深刻，我觉得也许你选择了一条可想而知会让自己痛苦的道路，就算你厘清、理解了一切，应该也很难让思路清晰起来，也许还会更加摇摆不定。

我　那我该怎么办呢？

医生　适度阅读就好，不需要太执着于这个议题，毕竟现在有更多更重要的事情，不是吗？现在的你，总是把所有正常行为都视为罪恶。

我 对，我觉得自己胆小如鼠，缺乏勇气。

医生 也许你该纠结的不是什么男权女权问题，化妆的时候，只想着怎么让自己看起来更漂亮就好。假如看见化了妆以后的自己感到不开心，心想："我现在到底在干吗？"这不是对自己的二度伤害吗？

我 是啊，我为什么会这么容易受影响呢？医生，我是不是很没原则？我也问过我男友，但他说我的问题在于太有原则，我实在搞不清楚自己。

医生 我说过两端是相连的吧？我觉得你现在就是因为自己缺乏某些部分，所以老是在创造那些部分，比如说，你总是想寻找一个可以归属的群体，非要明确"我就是女性主义！"要不干脆暂时忘掉女性主义？这样你的心里会轻松许多。

我 真的吗？我不知道。那药物的问题该如何是好？

医生 要不要加一点你之前吃了以后会静坐不能[①]（来回走动）的药？

我 不要。

---

① 静坐不能是一种常由多巴胺受体阻断剂引起的运动障碍。受影响的患者不能坐下休息，好像有种强烈驱动力促使其不停活动。——编者注

医生　我只会帮你加极少量，要是吃了以后又有反应，就立刻停掉。

我　好吧，那是什么颜色的药呢？

医生　薄荷绿，半颗，非常少量。我觉得我们可以朝逐渐减少药物用量的方向迈进了（难得听到的好消息），因为我看你现在的状态都还算不错。

我　真的吗？太好了，的确状态不差，我会继续培养身心耐力，感觉抑郁感也减轻不少，看来要认真运动了。

医生　好的，祝你周末愉快！

理所当然的事情，却经常被我们遗忘

为了让自己的身心恢复健康，我一直不停地努力，但真的好累。我的情况还没到特别严重的程度，就已经如此难以承受，痛苦不堪。如今的我，正在切身体会着过去拥有的极端思维多么像一只怪物。我会瞧不起和我意见相左的人，也会因为一些小失误、小缺点，或者小误会而将对方全盘否定，如此狂妄傲慢、僵硬固执的思维使我以及我周遭的每个人都很痛苦，现在仍是如此，还好，我正在逐渐改善中。

我总是嘲讽他人，贬低他人，好像自己就从来没失误过，我还把自己的观点视为永恒的真理，我很害怕如此目中无人的自己。

总之，做人要快速承认，短暂反省，即刻实践，没有什么事情是非黑即白的。我不能把自己的想法强加在别人身上，这是理所当然的事情，却经常被我们遗忘。

第24周

弹性思维和
短暂休息的勇气

我　医生，您好。

医生　上周帮你加的药吃了以后感觉怎样？有什么不舒服吗？

我　有一点，所以后来吃药的时候我就把它拿掉了，只吃了一次而已。这个药吃完以后心跳会加速，第二天停掉它，只吃其他药就没事了。明明只是很少的剂量，怎么会起这么大的反应？可能是我的身体不适合吃那种药，到底是什么药呢？

医生　是一种有助于调节多巴胺和血清素的药丸，基本上你现在服用的药也都是有助于多巴胺和血清素分泌的，解释起来有点难，总而言之，本来一起服用的话能够达到相辅相成的效果，没想到你的身体会如此排斥，你把那颗药挑出来是对的。那你做运动了吗？

我 当然做啦！因为上次见面时您告诉我要保持这样的心态，就是“至少不要放弃运动”，所以我每天都会运动，一天都没落下。

医生 不过距离上次见面才过了三天呀。（何必算得这么清楚）

我 对。

医生 一周会休息一天吗？

我 会，因为健身房有公休日，而且我第一次做个人训练时真的差点死掉，那是我做过的所有运动当中最痛苦的一种。那天教练帮我分析我的身体，专门针对比较弱的部位进行强化运动。我很会做深蹲，但是臀部肌肉和大腿后肌部位太弱，所以在做教练安排的动作时简直快不行了，教练还一直在旁边鼓励我，说我一定能做到，我内心实在很想揍他一拳。那天做完运动以后，我的双腿会不自觉地颤抖，感觉运动到对的部位了。就在我心想“真的不行了”的时候，教练也刚好喊停，叫我先休息一下。

医生 希望这位教练是个不错的人。还有没有其他事情呢？

我 其他事情？嗯……上次不是跟您讲到女性主义的话题吗？我后来又仔细思考过这个问题，我觉得自己好像把女性主义当成了某种宗教来看待，其实不必强迫别人也遵从女性主义思想，把女性主义看得格外重要，您说对吗？就如同基督徒相信上帝的存在，所以会对不信上帝的人感到惋惜，我之前也是看到不相信女性主义的人就会觉得对方可怜，甚至想过要是自己没有接触到女性主义，是否就能活得轻松一些（实在是很傲慢的想法）。不过后来我发现这是非常危险的想法，幸好我是能马上意识到错误的人，我发现自己原来是把女性主义当成某种宗教盲目信仰。尽管如此，现在的我还是认为女性主义非常重要，但是我知道这种事情不能强迫别人也一定要认同。每个人都有各自的人生，各有各的精彩，不能因为对方不相信女性主义，就觉得人家可怜，这是狂妄自大又极其错误的思考模式，当我领悟到这一点时，内心变得舒坦许多。

去年您不是提醒过我吗？有时候我很喜欢某位小说家，却因为看见他某个不完美的地方就不再仰慕他，您告诉我这样想很危险，如今我再次体会到这种思维方式有多危险。只凭一个细节，就全盘否定对方，这太可怕了，真庆幸现在的我已经改变了很多。

医生　那你还会继续研究女性主义吗？

我　自从有了上次的经历以后，我就再也没去读女性主义的书，感觉自己还是需要短暂休息一下。

医生　再也不读有点绝对，短暂休息一下的感觉倒是不错。其实光凭对方的一个小细节就彻底否定对方，这样的情形层出不穷。有一位名人偶尔会来我们这里进行心理咨询，与其说他是名人，不如说他是曾经在网络上因为一件事而红极一时的人，也就是我们常说的网红。他后来就是因为一个小失误而遭到网友全盘否定，那些素未谋面的网友对他群起而攻之，他还上了点年纪，心理上更是承受不起。

其实我也有和你类似的地方，比方说，假如我在网上读到某人写的一段关于这位名人的故事，我会很容易被带入情绪里，揣测那位名人的性格、想法，很快就下了结论。但其实如果不是名人本人亲口对我讲，我并不了解故事的来龙去脉，也不知道名人竟然有这样的遭遇。

我　“不知道名人有这样的遭遇”是什么意思？

医生　就是完全没料到他背后有这段辛酸血泪史。

我　嗯，当然都不会表现出来。

医生　还好那位名人遭遇的风波最后平息了。我们在网络世界看不见彼此的面孔，隔着屏幕也不愿意用心倾听对方说话，所以我们往往不了解一个人的多元面貌，我觉得这是一件非常危险的事情。

我 对，我也发现自己以前曾经是这种人，还好我领悟到这个事实以后才接触女性主义，所以不会有“你不相信女性主义所以你是错的，我才是对的”这种想法。我虽然是女性主义者，但我没有强迫别人认同，至少这点是值得庆幸的。

医生 我们不妨来想想当初的起始点，如何？也就是你当初为什么会开始关注女性主义，我觉得你应该是出于对社会弱势群体的关心。

我 对，没错。

医生 关心弱势群体固然立意良善，但我希望你不妨也关注一下自己的软弱面，或者多投入一些精力在让自己快乐的事情上。

我 嗯，我会持续运动，还打算报名参加音乐训练班，我想学唱歌，这纯粹基于我个人的兴趣。那个训练班就在健身房隔壁，所以很方便。我会从下星期开始学习，您觉得如何？是不是很不错？

医生 嗯，我之前也听说过，去上这种训练班，歌唱实力会日益精进。

我 是啊！虽然您一开始劝我最好别参加，但我始终认为去参加减肥营是一项无悔的决定，包括辞职也是，您苦口婆心劝我再缓缓，但我认为辞职是我此生做过最棒的决定。所以这样看来，尽管我成天嚷嚷着说自己优柔寡断，举棋不定，可是在做最终决定的时候，好像都还是按照自己的心意去做。

医生 是啊，这样很好。

我 参加减肥营最大的好处是可以重拾规律生活，烦躁感也减轻许多，而且还使我产生这样的念头——“我希望自己不要因为怕麻烦而什么事都不做，停滞不前。”所以现在的日子过得有点忙碌，每天都在把过去拖欠已久的事情逐一完成，也不是什么大事，就是一些类似去银行这样的日常琐事。

医生 你想要培养对某件事持之以恒的习惯，我认为是非常好的现象。通常当我们感到抑郁时，都会想要待在家里足不出户，心情也会低落，觉得浑身无力，想要减少与人碰面的机会，彻底与世界隔离，这种时候可以通过做一些平时习惯的事来帮助自己摆脱抑郁。

很多人会说自己就是因为抑郁才会有这些举动（比如想要保持低调，隐藏自己），但也很有可能是因为一直有这样的举动，才导致心情变得更加抑郁。如果能不断尝试进行一些血清素分泌旺盛时（状态良好时）的活动，记住当时自己的状态，并且努力让自己回到原本的状态，那么生活恢复正常的可能性会更高一点，不是吗？

我 对，我最近根本没空抑郁，感觉自己逐渐控制住了那份抑郁，虽然在调整情绪方面还不是很满意，情绪起伏还是有点大，也比较敏感，但是至少抑郁感和无力感消除了许多。

以前的我每次只要一感到无力或抑郁，就会躲进被窝里不出来，但是现在已经不会这么做了；尤其当我放下“每一天都必须过得无比充实”的强迫观念以后，心里变得舒服自在许多。

我现在还真的挺忙的，因为去运动一趟来回需要将近三小时。我还在吃减肥餐，一天大约摄取一千至一千二百卡路里，不知道是不是因为碳水化合物摄取太少，老是觉得没什么力气。

医生 看来只能等星期天多吃一点了。

我 对，每个星期天都能像平常一样正常吃饭，身体明显比较有精神。

医生 你也可以设定一些小目标，达成时就给自己一点奖励。

我 我发现自从参加完减肥营，没有再进行激烈的运动及饮食控制以后，一周顶多只会瘦零点一公斤左右，所以我下定决心要更努力运动。不过就算再怎么运动，也要隔一段时间才会明显看到身材的改变。还好现在能穿得下原本塞不进去的牛仔裤了。哦对，还有一件事情要告诉您，我打算开始吃素。

医生 （放声大笑）为什么呢？

我 是不是很莫名其妙？其实我一直都打算吃素，只是没能执行。我们很容易忽视动物的感受，只要假装没看见杀生的场面，就不会在意。因为我养狗，所以我主张养狗人士不吃狗肉，但我总是收到很多质疑，问我那为什么就可以吃猪肉或牛肉，我就说，这不是什么肉能吃什么肉不能吃的问题，是当今工厂式饲养与野蛮屠宰的问题，希望这样的养殖模式可以彻底消失。

我也在想，既然知道这样的模式很有问题，我却还是一直在食用猪肉、牛肉，这么做究竟是对的吗？我还上网找了一些惨不忍睹的饲养与屠宰动物的视频。您刚才为什么要笑呢？

医生 我觉得视频这种东西会根据拍摄者是谁，以及剪辑方式的不同，而产生不同结果，不是吗？

我 我明白您说的意思，但无论如何工厂式饲养与野蛮屠宰，依旧是实际存在的真实问题。我也阅读过肉食主义者的文章，总觉得还是得看看相反意见会比较客观。不过又让我产生了新的想法，我并非主张吃肉就绝对不好，唯有吃素才好，但是自从有了工厂式饲养与野蛮屠宰的生产模式以后，便开始发生许多惨无人道的事，这是不可否认的事实。我看鸡蛋上还会标示数字，据说如果尾数显示为一，就表示是散养鸡下的蛋，尾数若为四，则是生长在 A4 纸张大小的笼子里、行动严重受限的饲料鸡所下的蛋。

除此之外，我也很好奇有动物福利（Animal Welfare）认证的动物在被屠宰时，人们是否使用人道屠宰的方式将其痛苦降到最小。那种工厂式大规模量产的肉类吃下肚以后，是否会损害身体健康？只要想到这个，我就不太想吃肉了，因为选择吃肉而害得一条无辜生命要承受极可怕的痛苦死去，这让我不寒而栗。我那么重视社会弱势群体，怎么能对这群动物的遭遇视而不见？所以我决定挑战自己，从此改吃素食。

医生 很好啊，这是个人选择，我只希望你可以循序渐进地改变饮食习惯，分阶段慢慢尝试，不要操之过急。

我 好，按目前情况看，短期内我是不会吃肉了，但我会按照您的建议去做的。不过，刚才我在说吃素的时候为什么您要笑呢？给我的感觉不是很好。

医生 不不，我没有嘲笑你的意思。因为我们的谈话截至刚才，还从来没有出现过任何与素食有关的话题，你却突然冒出了一句："我要吃素。"而且很像在宣布一个结论，特别郑重其事，所以我才会忍不住笑出来，感觉你不像是经过一番长时间的深思熟虑以后决定吃素，更像是在宣告："从今以后，我要成为素食主义者！"

我 听您这么一说，好像的确如此。如果有一份人生指南该有多好。

医生 哦，我倒希望没有这种指南。

我 真的吗？您是说希望我没有这种指南吗？

医生 对啊。

我 唉，真不知道我为什么每天都在自我检讨自我反省，仿佛自己真的很差劲，每天都需要有所改进。我男友说他就不会这样。

医生　可是这样做，你就能一天比一天进步啊。

我　是吗？我男友就很少自我反省，我每次看到他都会觉得他其实是一个以自我为中心的人。

医生　（……）但是你也在影响他，不是吗？

我　我觉得是我受他的影响比较多。

医生　嗯，情侣间本来就会互相影响，而且也会发现对方不为人知的一面。总之，不要一次给自己太多课题。

我　好，我知道了。在您看来我的状态有逐渐好转吗？

医生　我认为有！

我　我也这样认为，但还是免不了会觉得自己好愚蠢。

医生　就算我对你说你不愚蠢，你也不会相信对吗？（医生很了解我）像这件事情也是，当你产生某种念头时，我希望你不要直接导向结论，比如发生了某件事以后，直接给自己下定论说："我真是愚蠢！"

我　我懂了，我会记住的。哦！还有一个情况好转的部分是，以前我会想："嗯，我对今天的自己还算满意。"可是最近的我会心想："唉，有点讨厌今天的自己。"会这样想就表示我对平常的自己一直都很满意，对吧？我认为我在这部分进步很多。

医生　当然。

寻找适合自己的人生指南

诚如我对医生所言，以前的我总是会想："嗯，今天感觉还算活得下去。""对于今天的我还算满意。"诸如此类的念头。但是最近有所变化，我会心想："今天好累，有点讨厌今天的自己。"原本被制约的想法竟然会逆向思考了。

除此之外，我也变得闲不下来，不知道是不是受减肥营的影响，厌烦感消除许多，不，准确来说应该是不想再用厌烦感做借口，所以我正在把拖延已久的事情一一处理掉。

可能也是这个原因，我现在没有多余时间去抑郁。我不再做噩梦，虽然还是会说梦话，但不记得自己说了些什么。当我烦恼着某件事情时，我不再钻牛角尖，而是停留在思考的过程，我的思考模式也变得比以往游刃有余。我努力让自己改掉根据局部去判断整体的习惯，想办法实际去感受并承认。

但是很容易受人影响这一点依旧令我感到担忧，毕竟情感的两端是相连的。碰到那种会让我内心动摇的事情时，我会凭感性盲目相信，而不是凭理性做出清醒的判断。我这种状态总是会让最亲近的人担心。虽然抑郁感控制住了，但是情绪上依旧大起大落，所以极度敏感，总是号啕大哭，想要懒洋洋地趴在床上，状态反复不定。经历完这样的情绪起伏以后，会产生“活着真累”的想法，每次只要气喘如牛地爬着楼梯，中间总会因为过于疲劳而不得不停下来。我想要继续试着了解自己，并找到适合我的人生指南。

第 25 周

尽量去看自己光鲜亮丽的部分

我 医生，您好。

医生 你好，这些日子过得好吗？

我 其实我已经没什么事情想找您谈了。

医生 那很好啊。

我 嗯，我已经可以明确看见自己抑郁的原因，没来由的抑郁已经不复存在，虽然现在还有一点烦闷，但我记得您说过让我练习具体描述情感，所以我照做了。

我试着思考了一下今天会感到些微抑郁的原因，我发现自己能遵守一周运动三次的承诺，但是因为饮食没有控制好，老是感到饥饿，所以现在的抑郁主要是来自无止境的饥饿感以及书稿截止日即将到来的压力。最近我睡眠充足，睡眠质量却不佳，夜里老是说着梦话惊醒。我尝试给自己的梦话录音，发现在梦里我是在对朋友提出建议，一半说得很清楚，一半说得含糊不清，而且从睡梦中醒来时，会不记得自己都说了些什么，总之，不论白天还是夜晚都睡了很久。

医生 我看最近的食欲研究显示，光是有充足的睡眠就能够提升食欲。

我 真的吗？所以睡得越多食欲越好喽？本来不是说睡眠不足的话容易发胖吗？

医生 不，那是指睡眠质量不好时才会。快速动眼期越长，抑制食欲的荷尔蒙就越会失去平衡，导致食欲提升。以你目前的情况来看，的确比较难产生满足感，一方面是不能随心所欲地吃，另一方面书稿截止日也迫在眉睫，带给你压力的事情比带给你快乐的来源多，所以情绪上自然会感到空虚，进而产生“至少满足口腹之欲”的渴望。

我 原来如此，我最近发现原本穿起来刚好合身的牛仔裤也变紧了。

医生 这么快？这才没几天的时间。（内心受伤）

我 对，食量大的时候很明显。其实不论吃什么，都很容易消化掉，真的！所以这点也让我觉得很困扰。总之，这些事情都是今天令我郁闷的理由。现在我终于知道了，大部分都是减肥引起的，因为当我减肥有成、好好运动、可以轻松控制饮食时，并没有感到如此抑郁。

医生 因为你当时的目标只有减肥，甚至还去参加减肥营，但是现在的情况不允许你像当时那样生活。你说减肥是使你感到抑郁的唯一原因，我建议你思考一下长期的生活规划，你的睡眠可能需要靠药物来调整一下，你不是说睡梦中还会与人对话吗？

我 好。我也是在拼命想究竟与您分享什么事情，于是就想到了这件事。不久前有一个认识的人公开了自己的过去，那是一段非常黑暗的过去，我没办法告诉您确切的实情，以我的标准来看是非常大的事件。我知道这种事情比比皆是，我身边也不乏这种人，但是当我亲耳听闻这件事情时，还是会觉得很痛苦。

当然，不是每一个问题都一定要找出根源，但是通过这件事，我可以完全理解这个人为什么会一直承受着精神上的痛苦。我没有这种可怕的过去，即使从小家境困苦，也遭受过严重的家暴，甚至长年饱受姐姐的精神虐待，对她有着错误的依赖，但是现在至少克服了许多心理障碍，和家人也相处融洽。

我不禁心想："我并没有像那个人一样有着过分戏剧化的过去，为什么却仍罹患抑郁症？为什么我会感到抑郁？"虽然这种念头已经与您分享过许多次，您可能也听烦了，但是我依然觉得，自己没有遇到过什么重大挫折，为什么内心里的阴影或抑郁还是不能消失，而且对我影响越来越大？

医生 如果你一直追究抑郁症的成因或解答，自然就会回想起极端的理由或事件，如果有惨痛难忘的经历，自然也就难以维持健康的身心状态，不过有些人还是可以鼓起勇气彻底克服。

同样的道理，如今再来回想你过去的遭遇，可能会觉得没那么严重，或者没什么大不了的，但是在当时那个年纪，对你来说很可能足以构成极大威胁。比方说，当你看见父亲殴打母亲时，除了内心感到恐惧外，一定也会有各种想法盘踞心头，可能也会从束手无策的自己身上习得无力，甚至因为心里时刻想着不能惹怒家人，导致过度压抑自己的欲望，那些未能表现出来的情感，又将你拉往无止境的深渊。

我 所以我才会老是看别人的脸色吗？

医生 有可能，包括姐姐的存在，也很可能是你变成今天这个状态的原因。

我 无论如何都要找出个理由，会不会也有点像是强迫症发作呢？该怎么说才好，打个比方，肚子饿是没有理由的，不是吗？当我们感到抑郁时，是不是只要好好接受这样的情感就好呢？最近我偶尔会默默接受抑郁感来临，但是自从听说了这件令人心痛的事以后，我又开始问自己："你到底有什么好抑郁的？"我也很好奇自己为什么会对近亲性侵的议题特别敏感。

医生 每个人对于某个事件的感觉与受打击的程度都不一样，就好比对于我们来说非常严重的事情，在某些国家或社会里，可能会被视为不值一提的芝麻小事。整体社会氛围或文化背景，以及能否公开谈论等，都会影响个人对一件事的感受。与其说你对这个议题特别敏感，不如说是因为你特别关注弱者，关注女性，包括对小狗也会有类似的感情，不是吗？

我 确实是。我最近看书时发现了一篇蛮有意思的文章，是达琳·兰瑟（Darlene Lancer）的《克服羞耻和病态依赖》（*Conquering Shame and Codependency*）这本书里的，作者提到："这个说法可能听起来有些奇怪，那些越没有向外在寻求某些事物的人，反而得到越多。自尊感与自信心就是从这样的‘放下’中生成。”当我读到这段文字时，我想到自己也总是向外在寻求某些事物，一直渴望能得到知识、爱情，有时甚至包括自尊感，但其实这样的渴望应该向内求得。我总是认为自己不够好，总是想要自我改进，以期获得更好的结果，把自己搞得很累，是否应该尝试着去接纳原本不尽完美的自己呢？

医生 不，应该是不要用负面的眼光看待自己才对，你总是会在内心里创造一个理想化的标准（完美的自己），然后再用那样的标准去衡量自己，甚至产生强迫观念，逼自己一定要达到那样的标准。我认为你需要的是放下“我不够好”的执念，练习多看自己的长处而非短处。

我 哦，我明白了。举例来说，我总会找一个在我看来自尊感很高的人作为标准，将对方视为榜样，然后想要模仿或者效法对方，类似这种情形对吧？用很极端的方式。

医生 对，你有这样的倾向。

我 那我知道您的意思了。不过，我认为现在的我也已经懂得看自己的长处了，当然，还是会更专注在短处上，以前的我是完全看不见自己的优点，甚至从未将视线转移到优点。至少现在我可以看见优点了，偶尔也会去体会、享受我的优点。

医生 没错，在我看来也是如此。

我 所以我的情况有逐渐好转，对吧？

医生 对，在我看来是有好转的，相信再过一阵子，即使你发现自己又有什么缺点，也会有能力告诉自己：“可是我还有这些优点。”

我 （感动）非常感谢。我还有一件事情要说（不是说没有话要讲吗？结果讲这么多）。我有很严重的强迫观念，认为自己绝对不可以变得骄傲自大，小时候我因为太骄傲而遭到同学的排挤。当时，不知不觉间就成了班上的核心人物，同学们也都很愿意追随我，这使我产生错觉，仿佛我就是老大，可以为所欲为，那段时期简直就是个疯子。这是一段不堪回首的往事，但我认为也是幸运的，有这样的教训，才能让我及早清醒，时刻警惕着不可以恃宠而骄，我很害怕当自己变得目中无人时，身边的人会纷纷离我而去，或者在我背后窃窃私语，说我的坏话。总之，随时提醒自己注意，我认为是好事。

但是我还有过度谦虚的倾向，每天会对身边的人千叮咛万嘱咐："要是我因为书卖得不错而出现态度上的转变，请一定、务必要告诉我。"比如我这次受男友的邀请临时出席某场活动，在和他的对话中我又再度提及，"要是我变得和以前不一样，一定要告诉我"，结果男友突然说："哦！正好有件事跟你说！"那场活动的主办单位一直到活动当天都不告诉我活动计划、行程表、时间安排等，最后甚至还是我主动联系他们，搞得我怒火中烧，就算今天我不是作者，而是出版社的员工，也一定会对这样的工作态度感到愤怒。因为这件事，我对男友发了脾气，男友说他当时从我的态度中感觉到，我心里在想，"他们竟敢如此慢待我？"

医生 那么你其实并没有这样想吗？

我 对，我很诧异，我一边向他解释自己和以前没什么不同，一边号啕大哭，男友赶忙安慰我说："我知道你没有变，只是从你当时说话的口气中有一瞬间有这样的感觉，因为你让我告诉你所以我才说的，并不表示你真的变了。"

我哭了很久，心情才好不容易有点平复。然后我开始思考自己生气的原因，虽然我口口声声说着假如我有态度上的转变，希望他可以提醒我，但其实我是希望能听到他说我没有任何改变，所以当我听到他的“指控”时才会如此崩溃。我们过了一个小时才又重新对话，我告诉他其实我并不想要听到他说“我变了”，我以后会检讨自己是否真的变了，若有问题就尽早改正，也不知道这件事有什么好令我崩溃的，当时我告诉自己：“人都会变，要是有人说你变了，改就好了！”

医生 人要是一成不变才奇怪，对吧？像你经过这段时间的治疗，也会说自己有哪些地方变得和以前不一样了，不是吗？无论如何人终究都是要改变啊，只是我们都希望自己往好的方向改变。总之，现在是因为你出名了，所以才会有人找你去参加活动，尽管你是对他们的工作态度生气，但他们会想当然地认为是你耍大牌。

我 对，我对男友说，如果我只是出版社的小职员，对方可能只会认为我在不爽，但是因为有畅销书作者这个头衔，对方就很可能会想：“她一定是因为红了，态度才这么嚣张。”其实我的举动并没有那样的意思，却会被别人解读成“这个人变了”。这次我的处理方式也还算好，对吧？

医生 嗯，刚刚你说得很好，即使真的发现自己变了，只要承认并改掉自己变讨厌的部分即可。

我　对，以前的我要是听到这种话会认为自己被全盘否定，觉得再也无法挽回，做什么努力都于事无补，甚至心想："我已经变成这种人了，再也翻不了身了，在别人心目中一定留下了根深蒂固的坏印象。"

医生　要是有哪些地方变得不好，改回来就是了，只要是人都会变，总之，你做得很好。

我　嗯，感觉自己的状态在持续变好，所以很开心。

对于不断改进的自己，给予肯定

我曾经狂妄自大过，所以不想再重蹈覆辙；曾经骄傲自满又自私过，所以想要谦虚，善解人意，当个利他者。既然从一开始我就不是“性本善”，那么不论是从自己还是他人身上，都要不断学习、修正，才能向前迈进。

我感受过空虚，所以知道要如何安抚这样的空虚感；同样地，我也因为大部分时间都感到抑郁，所以可以找出让自己不抑郁的方法。但是我知道抑郁这种东西随时都有可能自动找上门，不，我其实是断定它再也不会找上我，所以我吃药、阅读、哭泣，站在顶楼天台向下俯瞰遥远的地面，感受自残的冲动甚至真的去自残。

与其努力去接受不完美的自己，不如停止用负面的眼光看待自己。我发现自己其实也有许多闪光的部分，只是过去一直没有关注到。假如过去的我，只在内心荒芜凄凉的地方躲藏，那么从今以后，我将练习在内心开朗明亮、绿意盎然的空间停留。我相信如今的我已经能做到。这一切都是让自己活下去的努力，无论如何，相信自己是最重要的。

第 26 周

总之，人生还是会继续走下去

现在的我，没什么特别有营养价值的想法，但也不是毫无想法。我在生活中没有领悟到任何意义，就这样一天又一天地过着，也没有特别剧烈的情绪波动或大的事件发生。时而无聊，时而自在。

我总在想，要是继续过着这样的日子，最后我会变成什么样？我会变老，同样的日子会重复上演，我的思想可能会停滞不前，四周也可能筑起一道又一道的高墙。我只会和对我死心塌地的人来往，在广阔无边的世界里与无数个他人擦肩而过，最后茕茕独立。我厌恶这样的人生，更厌恶这样的自己，我没有计划，没有欲望，没有好奇心，没有特别想做的事，似乎从一出生我就是个既无聊又无趣的人。

我开始思考自己想要过什么样的人生，成为什么样的人，以及现在的我究竟是处于什么样的状态。

我　　您好。

医生 你好。你去文身了吗?

我 对，我文了三个地方，是不是很可爱?

医生 挺可爱的，文身时的疼痛感能忍受吗?

我 一开始文两个地方时几乎感受不到疼痛，上次我把大嘴巴（我家爱狗）文在手臂中央，这次要继续文我们家另外两只狗，秀智和浮肿，所以延伸到手臂内侧，痛死我了，每个部位的疼痛程度都不一样，文的时候我的手都在发抖。

医生 从来没有后悔过吗?

我 没有，我很满意这次的文身。

医生 （看着我的手腕）这是文的“Hunger”吗?

我 对，这是我很喜欢的一本书的书名，也是我很喜欢的单词。我是按照书封上的书名字体文的。

医生 很漂亮啊。那最近的生活怎么样?

我 这星期只运动了两次，今天会再去运动，算是遵守“每周运动三次以上”的承诺，没什么问题。这星期吃得比较多一点，昨天去健身房做过 BIA 测量（生物电阻测量法），发现肌肉量减少了，不过还好体脂没有增加。和前几周比，这星期顺利完成计划，在交稿期限内交出专栏稿，第二本书也在按计划筹备中。

医生 看来你这星期做了很多事情啊。

我 对，这星期挺忙的，文身也得出门去某个地方进行。我现在吃东西不像之前在家里那样暴饮暴食，而是选择出门去吃好吃的食物。我很喜欢吃意大利马铃薯饺子（Gnocchi，又称“玉棋”），就算价格有点贵，我也宁愿选择去口味地道又干净卫生的餐厅享用，所以吃得很满意，一点也不后悔。

医生 那你写饮食日记了吗？（感觉越来越像减肥咨询师）

我 写了，这星期吃得比较多。

医生 你可以将“计划性的饮食”和“情绪性的饮食”分开记录，毕竟我们经常会因为心情不好而暴饮暴食，所以我建议你把情绪性的饥饿感与实际生理性的饥饿感区分开来。

我 好的，我会这么做的。这星期刚好是在星期日和星期一的时候出现情绪性的饥饿，所以还好，没什么大碍，星期一那天比较严重一点。

医生 为什么星期一的时候比较严重呢？

我 星期一早上一起床我就感到非常饿，其实星期日我已经吃得比平常多，我还惦记着第二天要饮食节制一点，可能就是因为这个产生了心理压力吧，于是我反而想要不顾一切索性大吃大喝。不知道为什么，那天的体力很差，起不来床，所以临时取消了那天的个人训练，也没能来医院接受治疗。

医生 那你是过了多久以后才出现好转？

我 当天晚上九点左右才好转的。

医生 那还是隔了挺久的。可是就算行程都取消，你应该还是会想着要出门、要运动、要遛狗吧？当时你是觉得什么事情都不想做吗？

我 我想到您对我说过“至少先去做了再说”这句话，所以就先去试着做做看，但最终还是冒出“实在不想做任何事”的念头。不过这一周依旧是忙碌的，因为我一直做一些消耗体力的事情，甚至连阅读的时间都没有。

医生 这听起来是好事啊。

我 我目前正在将第二本书的录音文字稿做收尾，我会整理好拿给您看，不过内容有点多。

医生 整理这些录音内容时，都没有感受到痛苦吗？或者又再次体验到当时的感觉？

我 这倒没有，我只觉得仿佛是在听别人的故事一样。整理第一本书的录音内容时，我感到很难过，因为那时的我会自我怜悯，甚至还流泪了，但是我在整理第二本书的录音时，产生了这样的想法，“唉，这个人怎么活得这么累，真够烦的。”我很开心自己可以保持一点距离去思考，但是另一方面又会心想：“既然无论如何都要把书写完，那么这次不要像第一本书一样草草结束，一定好好做个收尾。”其实即使是现在，我也不能为了给书做个光明的结尾，就写下“我已经痊愈！”这样的句子，更何况这也并不属实。

医生 是啊。

我 所以我想了一下自己有哪几点变得比以前好。首先是抑郁感控制住了，躲在棉被里的情况几乎没有了，而且以前会有“今天还算活得下去”这样的念头，现在则是会想“今天有点累”，说明思考模式有了转变。

另外就是我以前有失眠困扰，现在只要感觉困了就会自行入睡。就算烦恼某件事，也不会再像以前一样钻牛角尖，会懂得适可而止，因为我知道这是守护自我的方法。除此之外，还有思维变得更有弹性，会努力让自己改掉从片面去判断整体、以偏概全的习惯。自杀冲动也明显减少许多，但是情绪还是很容易有起伏，也依旧心思细腻敏感。

医生 很棒。

我 我觉得自己已经没有什么事情想对您说，接下来只要持续接受治疗、吃药就好。假如情况逐渐好转的话也会慢慢减少药物，没准可以达到顺利调整情绪，不再需要来医院的程度，您说呢？我的内心恢复力会变得很好，也不再容易受人影响。总之，人生就是会一直这样继续走下去，我这个人也不会变得更戏剧化。我可能会慢慢改变，也可能会重回原点。当我这样暗自心想时（突然流泪），突然觉得最重要的还是要接受人生即是如此的事实。

医生 当时的你是你，现在的你也是你。

我 嗯，都一样是我。

医生 是啊，总不可能当时的你是错的，现在的你就一定是对的，这也很奇怪。

我 与其说是错的，不如说是生病的。生病的我和稍微康复的我，至少这点我是区分得出来的。

医生 但也有可能是这样，有些人只做一次文身就觉得痛到要死掉，有些人文了好多地方却认为一点也不痛，就如同你说的，很可能跟文的部位有关，疼痛程度不一样。以前的你被人打一下只觉得好痛，你会想："我全身都好痛，看来我很弱。"其实有可能只是对方恰好打在你最弱的地方，所以使你感到疼痛无比，而你却没有察觉这一点。

我 您的意思是，我其他地方都很有承受力，只有最弱的部分遭受攻击时才会感到疼痛，但我自己并不知道这一点是吗？

医生 对，你能发现“这里虽然很痛，但我还有其他强壮的部分”，这已经很有进步，了解自己哪里软弱，才能够去保护那个部分。

我 我还想要再多找找自己比较强壮的部分，不能总是聚焦在软弱的地方。说个题外话，我很羡慕那些全身心地投入某件事，发自内心地喜欢并乐在其中的人。我当然也有喜欢的事，但是我并没有特别强烈地热衷于某件事，也可能是我还没发掘出来。我真的很羡慕那些不论别人怎么说，依旧坚持自己所爱之事的人，不管那件事在外人看来有多么微不足道，他们都可以大声地说：“我就是喜欢！”我也要培养这样的心态。

我非常喜欢“圣诞丑毛衣”（Ugly Sweater），但是从字面上就可看出来，这是一种又丑又俗气的毛衣，有些款式的颜色或图案太夸张，我都不敢入手，不过您看我这次买了这件（圣诞丑毛衣）。

医生　一点也不丑啊，很漂亮呢。

我　我想一直穿到圣诞节那天，因为只能穿到那一天。

医生　我从刚才就觉得这件毛衣颜色很好看。

我　真的吗？谢谢。其实每个人活着的方式都不一样，就算没有特别喜欢什么也能活得好好的，对吧？就只是很平常地活着，适度地喜欢、厌倦，也挺好的。有些人一开始热情如火，但是没过多久就瞬间冷掉，有些人则是走细水长流的路线，所以我想，难道我一定要疯狂痴迷于某件事情吗（当然，我是很渴望自己可以找到这样的事）？假如我不是这种人就要否定自己吗？不能按照现在的方式过日子吗？

其实我也很喜欢看书，但是书这种东西很难拿出来说，我怕大家会认为我做作，或者认为我在说谎，当对方问我“兴趣是什么”的时候，我要是回答“阅读”，会很容易遭到调侃：“咦？这里可不是什么面试场合哦。”

医生　（笑）是啊。

我　最后我想说，我不想要再贬低自己，如果停止去说那些贬低自己的话，会有帮助吗？

医生　会的，你所说的话很容易对你产生暗示，你的发言会营造出一种氛围。举例来说，假如你想说："这真是烂透了！"我建议不要用"烂透了"这个词，而是用更具体的语言来描述，就算不用到六何分析法（5W1H 分析法）[①]，也希望你尝试多用一些形容词来为这种句子添些血肉，而不是只有简单的好或坏、棒或烂这样的形容，这样就可以将自己的情感更具体化地表达，也有助于你理解自己。

我 那么空虚感、无力感是没有办法克服的吗？医生您也会有这样的感受吗？

医生 孤独感当然是会有的。

我 那么差别在于这种感觉会维持多久吗？

医生 其实这都是很自然很正常的感觉，正因为我们会感到孤单、空虚，所以才会与人维持关系，联络交往，也可以通过定期做某件事来减轻孤独感。这是任何人都会有的情感。可能因为你太频繁地产生这些情感，所以你会想，"怎么又来了，怎么我每天都这样？我天生就是个孤单寂寞的人吧。"其实这些都是人类需要的正常情感，可以促使你与人建立

---

① 5W1H：是指对选定的项目、工序或操作，从原因（何因 Why）、对象（何事 What）、地点（何地 Where）、时间（何时 When）、人员（何人 Who）、方法（何法 How）这六个方面提出问题并进行思考。——编者注

并维持关系。

我 所以您的意思是，我必须感受空虚、寂寞，才会有动力去与人相处，维持关系，这样的说法倒是不错。要是我自己一个人也活得开心满足，应该就不需要与人建立或维持关系了，也不必见任何人，是吧？

医生 我的意思是，这其实是任何人都有，也很自然的情感，如果总是带入一些负面的感觉，会导致你看待这些情感时比较负面。

我 这倒不至于，有时候我还挺享受那种身体仿佛有个黑洞一样的空荡荡的感觉，我都会默默接受，只是那种情绪持续半天以上就会令我感到很痛苦。

医生 也许你的问题是如何让那些情绪不要维持半天以上。

我 虽然我不需要让自己的心情总是维持在激情澎湃的状态，但是当我想要填满心灵时，要用什么方式去填补，或许我该思考一下这个问题，我会回去仔细想想的。

就如同怀抱着伤痕过日子

抗抑郁剂可以控制比较深重又持久的抑郁感，多亏它，我的愤怒与快乐也一起变得又短又浅。最近我已经不再有愤怒到捶胸顿足或者开心到欢呼雀跃的情绪，但是抑郁感减少，并不代表凡事往负面思考的性格倾向也会跟着改变，当然，更不代表幸福感会提升。

我在日常生活里总是会时不时地感到无聊、无力、空虚，内心像是被掏空一般，医生说空虚感是非常自然的情感，如今我已经可以理解这句话的意思。让我来打个比方吧，如果说前面所讲的这些情感是一个洞，以前的我会想要尽可能将这个洞填满，但是现在的我知道，世界上的确存在着不会被任何东西填满的情感，甚至根本不需要去填满，也不可能填满，这是人类都会有的自然生发的情感。就好像拥抱着身上的伤痕继续活下去一样，我们只能试着去接纳。现在的我，不知是否已经更加懂得珍惜那些温暖的情感。

这世界会变得更美好、更快乐吗？虽然现在偶尔也会遇见那样的瞬间，但今后的生活中也会越来越多吗？我能变成开朗、可爱、充满活力的人吗？我不喜欢现在这样不怎么抑郁也不怎么幸福，依旧没有特别想做的事情，漫无目的，得过且过的状态。

尾声

我已经不再
讨厌我自己

有一段时间，明明家里只有我一个人，我却会因为讨厌看见自己，用棉被从头到脚盖住自己，感受着想要用文身画满全身的冲动。在昏暗处我会戴着眼镜，将大部分的脸遮住，才会感到心安。那段时间，我多么希望这个人不是我。

接受治疗、出书以后，我得到的最大收获是变得不再讨厌自己。接下来我也会继续接纳从我的眼睛以及内心各个角落看见的自己，不再对自己说那些负面的话。

我的故事对某些人来说可能很无聊，对某些人来说也许可以成为安慰。写到这里，我想要特别感谢每一位耐心阅读到这里的读者，只因为我写下的内心黑暗故事和你相似。我还要感谢和我是两个世界却愿意尝试倾听的人，最后要感谢一路陪伴我，帮助我成为我自己的医生，还有我身边挚爱的亲友。

希望有朝一日，能够迎来这样的一天——心理生病的人也能像得了感冒一样顺理成章地去看病，不会因此被人议论，不会被认为是意志力薄弱，让看不见的内心伤痛和看得见的身体上的伤口一样，被我们认真对待。